U0290180

野鸟私生活大公开

台湾的赏鸟风气在许多爱好者和保护团体的努力下，日益蓬勃发展，赏鸟应该算是台湾自然观察活动中最成熟的一项，不仅喜爱者众，就连相关的摄影或生态纪录片，成绩都非常可观。

赏鸟的最大好处就是随时随地皆可进行，一个人可以，一群人也行，有望远镜最好，用肉眼也无所谓。除了眼睛的飨宴外，耳朵也有无上的享受。每种鸟都有其独特的鸣声，主角清唱好听，混声合唱更是天籁。最好的还有每年秋季之后，远方的鸟儿不远千里来到台湾这个蕞尔小岛，或短暂歇息，继续南迁，或在此度过整个冬天。于是台湾一年四季皆有鸟可赏，喜爱赏鸟的人真的会乐不思蜀。

记录鸟类的方式，每位赏鸟者都不同，有的喜欢拿着图鉴直接标记在书页上，包括出现的时间、月份、地点等；有的则喜爱拼鸟种的多寡，于是上山下海四处奔波，只为再添一笔新记录；有的则用相机一一拍下野鸟美丽的倩影，甚至不惜出资买下昂贵的摄影器材，挑战高难度的拍摄。

于是，野鸟的信息空前发达，新闻媒体一向少有兴趣的自然题材，似乎独厚鸟儿，许多野鸟也得到莫大的关注。但我们真的足够了解这一群时时刻刻出现在身边的野鸟吗？对它们的生活究竟知道多少？

作者许晋荣先生穷二十余年的光阴，默默记录着野鸟生活的真貌，同时也亲眼见证了许多野鸟不为人知的习性，这样的图像记录不再只是拍到鸟类美丽的外貌，而是真切地为大多数人打开了一扇窗，让我们第一次有机会一睹野鸟的私密生活，原来它们也和我们一样，有衣食住行的烦恼，也有许多问题需要解决。

这样的介绍角度应该是台湾首见的，我们将这本《野鸟放大镜》真挚推荐给所有喜爱自然的朋友。作者的投入与成绩是有目共睹的，二十余年的扎实功夫，不仅是摄影水平的精进，还有对野鸟的深入观察，才能捕捉到许多难得一见的画面。但愿本书的出版能让更多自然爱好者愿意持续记录台湾生物的真貌，让生活在台湾的人认识台湾这块土地的真风貌。

亲眼目击鸟类的奇妙生活

和晋荣认识，是因在野外拍鸟，志趣相同，年龄相当，他是一个蛮谈得来的朋友。二十多年来他"不务正业"，一头扎进鸟类生态摄影的行列。晋荣行事风格低调，作品少有发表，这次能够将多年努力的成果成书发表，可说是出版社慧眼识英雄，相信读者的眼睛也会为之一亮。本书可说是晋荣二十多年来的心血结晶，晋荣虽非科班出身，但对自然及摄影充满热爱，野外的经验及对鸟类的知识都相当丰富，在摄影技巧上更是力求突破。一般扛着大炮（长镜头）追鸟的拍鸟方式已经不能满足他了，他总是设法拍些与众不同的画面，这些画面都是通过长期观察后，运用独特的视野及在耐心漫长的等待后得来的，诚属不易。

鸟类的世界是多姿多彩且引人入胜的，目前坊间关于鸟类的摄影书籍也有不少，不过大多偏向种类辨认图鉴式，同构性偏高，对各种鸟的有趣行为或有提及，但着墨较少。这本书以本土出现的鸟类为主，从它们不同的身体构造出发，浅谈其功能及特性，或是哪一种鸟对哪些食物有所偏好等，以及将它们日常生活中各式各样的行为，做有系统的整理介绍，有鸟类教科书的功能，但绝对是一本有趣且引人入胜的鸟类教科书。通过晋荣入微的观察，以及精湛的摄影技巧，佐以浅显的文字，图文并茂，相信本书能让读者对鸟类的知识有更深入的了解。

近年来，拜数字科技的进步所赐，影像数字化之后，喜欢摄影的人数直线上升，蔚为一股风气，生态摄影更是如此。能够以个人喜好的生态摄影为业，是很快乐的工作，一般人应该都很羡慕才是，但这条路走起来也非常辛苦，经济的压力、体力的付出等总是不为外人所知。晋荣最近又执着于自然环境声音的录制，一如他的一贯作风，总是倾家荡产、不计后果地投入。唯有坚持，才能持续，也才能有美好的成果，期待不久的将来，可以聆听出自晋荣的美妙之音，在此与他共勉之。

知名生态摄影家及生态纪录片导演

作者序 镜头下的野鸟世界

自幼生长在高雄县乡下，当时环境尚未遭到工业化的严重污染，溪沟与稻田里鱼虾、青蛙成群，荒地和绿野间则栖息了各种昆虫；印象中，欢乐的童年便是在钓青蛙、灌蟋蟀和在路灯下捕捉甲虫等活动中愉快地度过的。

虽然幼年时便经常躺在柔软的草地上，仰望着高空幻化的白云发呆，憧憬着如同鸟儿般无拘无束地自由翱翔于天际，但和鸟类结下不解之缘应该是开始于有一次台风天瞒着父母，冒着风雨抢救回飘摇欲坠的鸟巢，整夜不敢稍加松懈，却又极度生疏地当起了雏鸟的代理家长。当时对于鸟类的名称和食性、行为等均一无所悉，就在首次照顾幼鸟的任务受挫后，便兴起了认识野鸟的念头。

当兵时抽到"金马奖"，除了返台休假之外，整个役期都在金门度过。金门虽然到处鸟况可观，却不容许在管制区域徘徊张望，所以部分同袍视为畏途的晨昏体能跑步训练，环绕太湖一圈再回到部队，对我而言，反而成为愉快的观鸟路线。

投入程序设计工作几年后，蛰伏在内心深处属于野外的不羁躁动，让我开始蠢蠢不安于室。从事鸟类观察一路走来，亲眼见到台湾环境的急剧变迁，心中油然兴起记录生态环境的念头，随即辞去工作，从事鸟类生态摄影，开始过着纵横山野、风餐露宿的野夫生活。

本书的内容集结了十几年来我对野鸟世界的探索与记录，分别就鸟类的觅食方法与技巧、羽翼的功能与维护、繁殖与鸟巢的形态和移动行为类型等章节，将自己在野外的亲身观察以图片实例的方式呈现，最后并探讨鸟与人类、植物以至整个生态环境间的相互关系。

本书在图文筛选阶段，适逢父亲病危辞世。失怙之痛一度让我万念俱灰，出版进度几近停止；感谢好友吴尊贤主编、总编辑张蕙芬和所有关怀的亲友们持续鼓励，本书才得以几经波折后还能够催生出来。也感谢好友梁皆得，在百忙中抽空为吾等平庸之辈捉刀写序。

最后将这本书献给对家庭和子女照顾无微不至的慈爱父亲，并感谢您对我不务正业的志趣给予最大放任与支持。谨将十几年来野外采集观察的记录精粹集结成册，以告慰父亲在天之灵。

飞行饕客

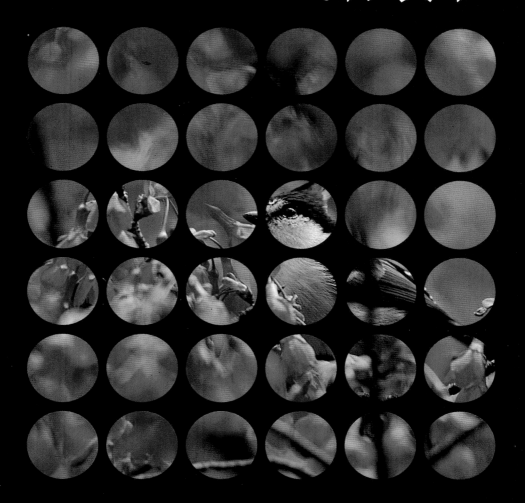

甜美多汁的果实是众多鸟类喜欢的食物。

point

01)

Chapter 1　飞行饕客

鸟以食为天

鸟类是生物界中的全方位运动员，不论在飞行、游泳或潜水时，能量的损耗都非常快速，必须靠不断的进食以补充能量，所以觅食是鸟类赖以生存的本能行为。而在不同的环境中，环境特征与食物的供应方式亦大不相同，为求与环境兼容，经漫长的演化过程，鸟类逐渐发展出多样且各具特色的觅食方式，同时也完美呈现出鸟类与环境的和谐。

形态多样的鸟喙正是鸟类随着时间演进，逐渐适应环境或是与特定生物共同演化的一个典型例子；鸟类角质化的嘴喙，质量轻巧却强固坚韧，主要用来获取食物：吸取、捕食、压碎、啄取、撕裂以及从水中过滤食物，每种鸟的猎捕和进食习惯，都与它们嘴喙的形状和大小有着直接的关系。

鸟喙的多样化使它们适合猎取进食不同的生物，因此在同一个地域中生活的不同种鸟类，就不至于因为竞争相同的食物而造成排挤效应，自然可以增加环境中的物种多样性。不同的捕食方式使鸟类的觅食范围涵盖陆海空三域，其食物也包含了天上飞的、地上爬的、水中游的，还有由动至静、由软而硬、由荤到素等，呈现出十分多样化的丰富风貌。

1.斑文鸟厚实的嘴喙专以草籽为食。
2.生活于水域的骨顶鸡食性荤素不拘，昆虫、鱼类和植物根茎等皆是它的菜。
3.鸳鸯扁平的嘴喙喜以水生植物为食，如果逮到机会也乐于接受鱼虾、青蛙和昆虫等动物性的食物。
4.燕雀有力的嘴喙可轻易咬开榔榆坚硬的种皮。

Chapter 1　飞行饕客

吸蜜大法

花蜜的热量高且容易取
食，是白耳奇鹛最喜欢
的甜点。

植物在食物链生态系统里往往扮
着生产者的重要角色，各种动物利用
物的根、茎、叶、花朵、果实和种
部位，将其转变成供应自身活动的
量。鸟类是活动量高的温血动物，这
味着它们必须借由经常性的觅食以补
热量，才足以提供诸如飞行、游水、
步等高体能之消耗，或是在风雨中及
夜里保持体温之所需。

而植物的根、茎、叶、果实和种
等，都需要经过较长时间消化才能转
成热量，唯独花蜜是一种高含糖量的
体，能够快速被鸟类消化系统吸收利
用，是只需少量就能提供较多能源的
良鸟食。嗜食花蜜的鸟儿多半有着尖
的嘴喙，才能探入花中吸蜜。在钟香
桃、木棉、刺桐等蜜源花朵盛放的季
节，花树上常见鸟群结伙觅食，常见
有暗绿绣眼鸟、白头鹎、黑短脚鹎和
眉科鸟类等。有些花朵绽放方向不一，
为了顺利吸到蜜汁，轻盈的鸟儿们为
使出浑身解数，摆出倒挂金钩的高难
动作，只为饱饮香甜的蜜汁。它们在
于花间饱餐之际，亦为花朵达成传递
粉的使命，双方互蒙其利。

1.暗绿绣眼鸟的体型纤细轻盈，喜欢穿梭
　丛间吸食龙眼花蜜。
2.芬芳浓郁的柚子花蜜吸引暗绿绣眼鸟前
　食。
3.红艳如瓶刷子般的醒目花朵，诱使蜜蜂
　蝶和暗绿绣眼鸟等动物前来吸食，同时
　物完成授粉的任务。
4.穿梭于花间吸蜜的黑短脚鹎。

多叠的暗绿绣眼鸟倒吊在花丛间吸食蜜汁

活泼的黄山雀也来吸食钟花樱桃花蜜和捕食小昆虫

左图：初春盛开的钟花樱桃吸引白耳奇鹛前来觅食。
下图：褐头凤鹛为了吸食钟花樱桃朝下开放的花朵，
使出倒挂金钩的高难度特技姿势。

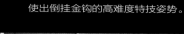

水蜜桃花香淡雅、蜜汁甘甜，是鸟类的优良食物。

白耳奇鹛藏身在水蜜桃花丛间啜饮美味花蜜。

刺桐 & 木棉

Feeding

1. 刺桐的花蜜甜美且产量丰富，黑短脚鹎也难抵诱惑。

2. 刺桐花陆续开放的总状花序，花期特长，是众多鸟类（如灰背椋鸟）喜欢吸食的可口饮品。

3. 灰背椋鸟属于冬候鸟，在屏东垦丁地区经常成大群集结造访刺桐吸食蜜汁。

4. 栖息于花莲、台东和恒春半岛的台湾鹎，正在吸食红艳如火的刺桐花蜜。

5. 生活在山野丘陵地带的黑短脚鹎，喜欢在木棉花朵盛开的时节，呼朋引伴聚集吸食花蜜。

6. 外来种爪哇八哥已经在台湾山野平原地区落地生根，它们也爱吸食木棉花蜜。

7. 暗绿绣眼鸟站在木棉的花瓣中显得非常娇小。

8. 木棉的花色鲜艳且蜜汁丰富，常吸引白头鹎等各种鸟类前来享用。

9. 五色鸟（台湾拟啄木鸟）喜好的食物从花蜜、花瓣、果实、昆虫等不一而足。

5

6

7

8

9

食花养生

五色鸟撕咬红花羊蹄甲柔嫩的花朵。

花朵可以视为植物的繁殖器官，经由风的传播或是昆虫等小动物的造访，将雄蕊的花粉传递于雌蕊之后，接下来就等待果实的日渐成熟。某些鸟类嗜食花蜜，花朵提供这些热量高且容易取食的佳酿，无非也是希望动物们能帮忙授粉；事实上有些动物与特定植物之间，经过长久以来共同演化的结果，形成两者间互相依存、缺一不可的密切关系。

但也不是所有鸟类都对传递花粉有所帮助，通常花瓣是植物最滑嫩爽口的部位，芬芳的气味加上纤维柔细、容易消化，难怪有些鸟儿不懂得怜香惜玉，往往粗暴地开口撕咬花瓣。五色鸟、白头鹎、领雀嘴鹎等鸟类取食的方式是将花瓣一片片撕扯吞食，而绿背山雀摄食钟花樱桃则是将整朵花摘下夹于两脚间，再将花瓣一片片撕咬丢弃，接着将盛满蜜汁的花筒部分整个吞食入喉。

有些鸟类在吸食花蜜时受限于嘴型太短，而花筒是较为深入的构造，即使像暗绿绣眼鸟有能够伸出如吸管功能的长舌，亦无法吸食深处的花蜜时，聪明的鸟儿甚至不再经由正常管道，反而直接在花筒基部打洞再探入嘴喙吸食花蜜，也使植物借亮丽花朵招引动物吸蜜授粉的心机尽皆白费。

白头鹎取食芒果的花序。

正在取食桂花花瓣的白头鹎。

绿背山雀摄食钟花樱桃花瓣，是将整朵花摘下，然后用单脚或双脚踩住，再将花瓣一片片撕咬丢弃，接着将盛满蜜汁的花筒部分整个吞食入喉。

point
04)

Chapter 1　飞行饕客

果实盛宴

　　植物的树籽也是众多鸟类主要的食物来源，山桐子在秋冬落叶之后，会结出一串串红艳欲滴的果实。在缺乏食物的寒冷季节，很少有山鸟能摆脱山桐子的诱惑。雀榕也会于树干上结出一颗颗粉红饱满的隐花果，同样吸引许多鸟类到此进食。

　　此外，秋枫的香甜果实、十大功劳的紫红浆果、海芋的鲜红浆果、盐肤木披有细毛的橙褐色核果等，在果实成熟的时节，树上的累累果实如同鸟类的大型食堂，总会吸引许多鸟结伴光顾。许多平时难得一见的鸟，因为难以抵挡美食当前的诱惑，纷纷于树上亮相。幸运的话，在候鸟的过境期间，还能在树上发现稀有的候鸟或迷鸟加入抢食行列。此时鸟为食忙，无暇他顾，是观察鸟类的好机会，仔细观察会发现前来进食的不同鸟类，其摄食方法亦有所不同，有的直接吞食，有的小口啄食，有的以脚爪固定后再小口慢食，食物相同而方法殊异，十分有趣。

斑鸫 *Turdus eunomus*

棕腹蓝仙鹟 *Niltava vivida*

斑鸫一边垫脚纵身，还要同时拍翅以维持平衡，如此奋勇取食山桐子却不一定每次都能有所斩获，要饱餐一顿真不容易。

棕腹蓝仙鹟雌鸟娇小的身躯，面对顽强的山桐子，使尽气力拉扯的同时，还要极力维持平衡，好不容易咬下一颗果实，然后才吞了下去。

稀有的岛鸫也难抵山桐子的诱惑，停
在高高的枝头取食，面对苦涩的未熟
果实则加以弃置。

栗头凤鹛常成群结队造访山桐子。

原栖息于低海拔山区的白头鹎，族群随着人类的

山桐子

溪涧鸟红尾水鸲也不愿错过山桐子大餐。

灰眶雀鹛经常与其他鸟种混群觅食。

五色鸟冒着保护色隐匿效果失灵的风险，现身
枝头大口吞食美味山桐子大餐。

路过的灰眶雀鹛停下脚步捡食落果。地栖性如
竹鸡、蓝鹇等鸟类，偶尔也会光临捡食。

Feeding

阿里山
十大功劳

1. 褐头凤鹛生性活泼喧闹，总是大群来去，丝毫不怕周边观察的人类，大方吞咽着果实。

2. 阿里山十大功劳是台湾特有的药用植物，果实于3~4月间成熟。

3. 阿里山十大功劳的成熟果实多汁且味道极酸，但白耳奇鹛等山鸟视之为美食，每年必定前来争相取食。

4. 生性羞怯隐秘的台湾斑翅鹛也趋前享用一年一度的美味。

5. 冬候鸟斑鸫趁无人之际，偷偷摸摸跳上枝头大口吞食果实。

1

2

3

4

5

1

2   3

雀榕

1. 囫囵吞咽雀榕熟果的黑短脚鹎。

2. 在众多果实里寻获一颗紫红熟果吞食的台湾鹎幼鸟。

3. 贪嘴的五色鸟是雀榕成熟果树的常客，从不错过任何一场果实盛宴。

4. 有着粗厚巨嘴的灰树鹊，能毫不费力大口吞食雀榕果实。

5. 喜欢成群活动的红顶绿鸠，是嗜食雀榕果实的饕客，它们是隐匿高手，除非停栖在透空高枝，否则不太容易被发现。

6. 连以飞虫为主食的灰纹鹟，也抵挡不住雀榕的诱惑，撑大嘴巴也要硬塞吞咽。

7. 栗耳鹎是雀榕树上少见的娇客，它们仅分布在台东、兰屿，偶尔也会出现在恒春半岛。

8. 北红尾鸲停栖枝头捕食发酵熟果吸引来的昆虫。

Birds
Feeding
海芋

1. 领雀嘴鹎取食海芋的成熟果实。

2. 海芋生长在阴暗潮湿的树林底层，红艳甜美的果实着生于穗杆顶端，苞片于果实成熟后卷曲裂开，露出油亮鲜红的熟果。（白耳奇鹛）

3. 保护色良好的红翅绿鸠隐身在海芋枝叶间，除非因取食果实而产生摇晃，否则很难被察觉。

4. 台湾画眉虽然生性好鸣唱，却是个十足的隐士，不喜欢抛头露面，特别喜欢躲藏于丛薮间摄食海芋果实。

5. 棕颈钩嘴鹛生活的环境中，有不少海芋植群可供觅食。

岭南
白莲茶

1. 岭南白莲茶浑圆饱满的橙红果实，与树鹊粗大厚实的嘴喙相比，显得迷你小巧甚至微不足道。

2. 黑短脚鹎普遍栖息于丘陵地至低海拔的次生林，以及人类开发的果园垦殖地等环境，每当岭南白莲茶果实成熟时，它们往往成群结队、喧闹嘈杂地就近争相取食。

3. 岭南白莲茶普遍分布在各低海拔山林之中，南台湾的恒春半岛更有大量的植群生长；当直径仅约5毫米的果实由青涩、橙黄再转为橙红之际，聚集丛生色彩杂沓缤纷的香甜果实，便吸引台湾鹎等鸟类群聚摄食。

1. 倒挂枝头的白耳奇鹛只为了挑食成熟核果。

2. 栖息在山区的黑短脚鹎，常成群结队光临盐肤木成熟的核果，热闹喧哗地享用美食。

3. 盐肤木的果实在冬天成熟，而属于迁徙性冬候鸟的赤胸鸫，刚好在这个时节造访并享用美味核果。

4. 五色鸟除了在繁殖季会以大量动物性食饵来喂育幼雏之外，其他时节几乎都以植物性食物为主。

5. 娇小的灰眶雀鹛喜欢成群结队混群觅食。

6. 高踞成熟核果枝头的棕腹蓝仙鹟雌鸟。

左页图：相较于褐头凤鹛的小嘴，硕大的果实需要调整角度才能顺利吞咽。

1. 红艳欲滴的状元红果实，是众鸟眼中的珍馐。

2. 为了品尝美食，连素来羞怯的台湾斑翅鹛也不惜抛头露面，只为了一饱口福。

3. 白耳奇鹛兴高采烈地在状元红枝条上大快朵颐。

4. 黄痣薮鹛常成群聚集于状元红树上觅食。

5. 红尾水鸲会将状元红果实衔至经常停栖的岩石上，然后才加以吞食。

Birds
Feeding
桑葚

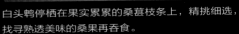

白头鹎停栖在果实累累的桑葚枝条上，精挑细选，找寻熟透美味的桑果再吞食。

常成群聚集活动的白喉噪鹛，在小叶桑果实成熟时也常光顾摄食。

暗绿绣眼鸟尖细小巧的嘴喙无法大口吞咽整颗桑果，只能以小口啄食的方式享用。

白头鹎等野鸟经过学习后，也开始懂得摄食因绿化需求而引进的外来种植物的果实。

赤胸鸫大口吞食饱满多汁、红艳诱人的果实。

已经换上鲜艳繁殖羽衣、准备迁徙北返路程的蓝矶鸫，在果实成熟时，得以大量觅食补充体力。

五色鸟也受到累累果实的吸引而大咽鲜红熟果。

赤腹松鼠以双手掬起果实，小口啮咬。

point 05）水果自助餐

有水果之乡之称的台湾，一年四季都有各式水果成熟上市，甜美多汁的水果不仅满足人类的口腹之欲，也为许多鸟儿提供了色香味俱全的盛宴。而鸟类在食取果肉的同时，也补充了身体所需的水分。果实何时成熟，早在一旁摩拳擦掌的鸟儿往往比果农更清楚，当青涩水果的某一部分开始变黄成熟时，鸟儿们便迫不及待地开始啄食成熟的果肉，在光滑的果皮上，留下鸟吻处处，直到整颗水果完全成熟为止。

俗名"柿鸟"的五色鸟对水果的喜爱程度更甚于其他鸟种，当柿子、木瓜等果皮尚且青涩，众鸟还束手无策望果兴叹之际，五色鸟往往充当开路先锋的角色，凭借着厚实有力的坚硬嘴喙率先咬开生涩果皮，接着其他鸟种便开始蜂拥而至争相取食，直到水果被啄食殆尽。

过熟或品相不佳而遭果农弃置的瓜果，亦是鸟类的最爱。一颗破裂烂熟的西瓜，犹如一处美味的路边摊，会随时吸引贪食的鸟儿前来取食。

栖息于中海拔山林的白耳奇鹛，在秋冬之际会有所谓"垂直迁徙"的越冬习性，若碰上成熟柿果便能一饱口福。

柿子

Birds
Feeding

领雀嘴鹎左瞧瞧、右看看，并粗暴地赶走
正在取食的同伴，只为了寻找、调整和占
据一个有利的觅食位置，用尽各种怪异体
位，甚至摆出单杠的健身姿态，也只是想
要饱餐一顿。

Birds
Feeding
柿子

1. 暗绿绣眼鸟找到一颗熟透的柿子，正用嘴喙啄取软烂的果肉，还不时伸出吸管般的长舌头，吸吮着香甜的黏腻汁液。

2. 红翅绿鸠仗恃着保护色良好，藏身在未遭到北风吹袭而掉光树叶的柿树枝叶间，大口啄食着成熟柿子的美味果肉。

3. 山居的人们称五色鸟为柿鸟，可见其对柿子的钟爱程度。一言以蔽之，只要是成熟的柿树上一定能看到五色鸟。

4. 棕颈钩嘴鹛习惯栖息在次生林的丛薮环境，以及人类垦殖的草生地和果园等，这些环境都能给它们提供充足食物。

5. 凤头鹰经常埋伏在柿树的隐秘枝叶间，再伺机捕捉粗心大意的猎物。

橘子

1. 栽种橘子的果园多半属于人类已开发的低海拔山林，改变土地利用状况以换取经济收益，通常适应能力较强的鸟类（如白头鹎等），还是会利用现有的资源努力求生存。

2. 因为一窝蜂栽种而导致生产过剩，或是结果不良而遭淘汰弃置的残留果实，往往也变成鸟类（暗绿绣眼鸟）的美味食物。

3. 领雀嘴鹎等鹎科鸟类喜欢栖息于低海拔的次生林环境，它们也非常适应人类大量开发的果园等垦殖地，可以算是在环境变迁中最大的鸟类受益者。

4. 成群觅食的灰眶雀鹛，会在觅食的活动范围内循着数条固定的路线，搜寻任何可以填饱肚子的食物。

Feeding

木瓜

1. 台湾蓝鹊是合群的鸟类，通常成小族群活动，虽然它们极度热爱摄食成熟的木瓜，但还是会依循着自己在群体里的社会地位来依序享用。

2. 刚离巢独立不久的白头鹎幼鸟也加入这场木瓜飨宴。

3. 八哥张翅威吓同类只为了独占美食。

4. 黑领椋鸟也是木瓜的极度喜好者。

5. 受到美食的吸引，连不轻易现身的噪鹃幼鸟也不惜暴露行踪。

西瓜

Birds Feeding

1. 一向谨慎的白胸苦恶鸟也难抵美味的诱惑。

2. 常栖息于旱田的环颈雉（雌鸟），习惯以西瓜为食。

3. 白头鹎常成小群活动，结伴至瓜园，大口吞食香甜多汁的西瓜果肉。

4. 西瓜的果肉汁多味美，就算是遭到果农弃置不再采收的破烂西瓜，也成了鸟类的觅食天堂。

5. 美味当前，连八哥也放松警戒，埋头大吃。

point 06)

吃硬不吃软

上图：稻谷成熟时，成百上千的麻雀如过境蝗虫般大肆取食，是农民的心头大患。

Birds Feeding

稻谷

上1.豆雁属于台湾稀有的冬候或过境鸟，会出现在收割后的水稻田里，
　　捡拾收割时不慎掉落的稻穗谷粒。

上2.黑水鸡在收割后的稻田寻找漏网的谷粒。

体积与重量虽小却具有充沛能量的植物种子，相当符合鸟类对食物的需求。而爱吃谷物与种子的鸟类以鸠鸽科、文鸟科、雀科为主，这些鸟的嘴喙多半呈圆锥状，厚实而有力，利于切割剥除种皮与压碎坚硬的种子。稻作、高粱与禾草等植物成熟时，经常能结出数量惊人的种子，以提供野鸟们丰富的食物，此时鸟儿通常会群聚组成觅食团，有的停栖攀援于植株上直接啄食，或是步行于地面啄食掉落的谷粒。

1

2

3

Birds Feeding

高粱

左1.不是所有生活在山区的麻雀都叫山麻雀，它们是数量稀少、分布有限的少数族群，偶尔摄食高粱、小米等山居人家的庄稼。

左2.杂食性的八哥也以高粱为食。

左3.在摇晃不稳的高粱穗秆上，紧紧依偎的斑文鸟乐于分享食物。

3

4

5

上3.麻雀圆锥状厚实的嘴喙，专为剥开水稻的坚硬颖果表皮而设计。　　上4.斑文鸟也以禾本科种子为主食。

上5.收割后碰到连日阵雨而泡在水里的稻田中，经常可见珠颈斑鸠漫步寻找浸水发芽的稻谷幼苗为食。

向日葵

1. 褐头鹪莺虽然以昆虫为主食，但我数次观察到它们于花丛间探头探脑，并从花朵内叼出种实加以吞食。

2. 向日葵是理想的绿肥植物之一，但也广泛被各地方大量栽种，营造成为田园花海景观，因此也增加了鸟类的食物来源。向日葵的花朵因为结实过于饱满，导致不胜负荷而花朵朝地，造成麻雀等鸟类取食葵花籽不易，然而在多产且高热量种实的诱惑下，麻雀不惜表演定点绝技，只为了能够饱食一顿可口的葵花籽大餐。

3. 暗绿绣眼鸟同样也取食向日葵过度成熟而迸裂开的种实。

4. 红尾伯劳经常在向日葵花田里浑水摸鱼，其实是为了猎捕昆虫而来。

Chapter 1

飞行饕客

point

07

吃软
不吃硬

肥美多汁的蚯蚓、蠕虫等软体类动物亦是鸟类最佳的营养补充，为了将它们由躲藏的泥地中拉起，山区林地间常可见到黑冠鹃、八色鸫等在地面翻扒搜寻，必要时还会与蚯蚓上演精彩的拔河戏码；而许多习惯在浅水域、河口及潮间带觅食的丘鹬科涉禽，霭着长长嘴喙上灵敏的触觉神经，能轻易探测感应湿泥下的轻微骚动，让隐身其中的软体与无脊椎动物无所遁形。

带壳的蜗牛和福寿螺虽然有坚硬的壳保护，但由于肉质细嫩鲜美，仍然吸引不少鸟类争相取食。摄食蜗牛和螺类的鸟儿们通常将大小适中的蜗牛、螺类整颗囫囵吞食，再经由砂囊翻搅研磨和强酸胃液的溶解侵蚀来完成消化，并将未完全分解的硬壳残渣压缩成块状食茧再反呕吐出。

1.牛背鹭常成群活动于田间寻找蚯蚓与蛙类。

2.俗名山暗光的黑冠鹃，生活于阴暗密林，以蚯蚓为主食。

3.红尾伯劳也会以蚯蚓为食。

4.白尾蓝地鸲的雌鸟捕捉到肥美的蚯蚓，准备带回巢中喂育幼雏。

蠕虫

下图：铁嘴沙鸻在湿地软泥滩里衔咬住蠕虫，因为生怕使力过猛将蠕虫拉断，便无法享用完整的一餐，因此铁嘴沙鸻如同拉着面条进行拔河比赛般，小心翼翼却又不敢太过用力，一点一滴与蠕虫进行着耐力的拉锯战。

上图：黑嘴鸥经常在河口湿地缓慢飞行，同时低头搜索在泥滩上活动的软体动物或螃蟹；每当发现猎物时，立刻滑降至适当距离，紧接着迅速俯冲并以嘴喙啄取，捕获的猎物会马上在空中吞食，若是螃蟹则需要带到地面肢解处理再行食用。

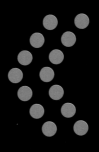

左图：红颈滨鹬在浅积水滩地捕获到蠕虫并随即加以吞食。

下图：灰尾漂鹬为了捕食蠕虫而深陷软泥之中，好不容易衔咬到猎物之后，赶紧拍翅以脱困。

蜗牛也是黄鹂幼雏的食谱之一。

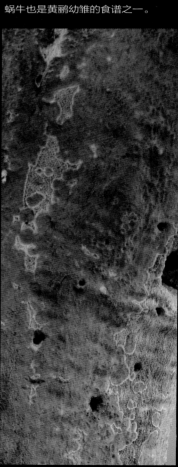

左图：中杓鹬捕食蜗牛的过程。

小鸦鹃带回遭车辆碾碎的蜗牛回巢喂食幼雏。

上图：五色鸟携带蜗牛回巢育雏。

福寿螺

右图：原为了食用而引进台湾养殖
的福寿螺，已经大肆泛滥于各个水
域环境，但是彩鹬等适应性良好的
鸟类也学会开始加以捕食。

下图：黑水鸡将头埋入水中叼出福
寿螺，随即将整颗福寿螺囫囵吞咽
而下。

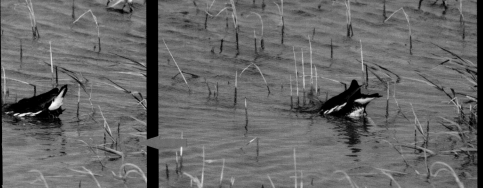

point

08)

Chapter 1　飞行饕客

除虫大师

鸟类育雏时常捕捉大量昆虫以喂食幼鸟。（黑枕王鹟捕捉大蚊）

1. 昆虫提供丰富的动物性蛋白质，是鸟类优良的食物。（五色鸟捕食蚱蝉）
2. 躲藏地底下的蝼蛄也难逃戴胜锐利的嘴喙。
3. 就算擅长拟态的竹节虫也难逃鸟类锐利的眼睛。（黄痣薮鹛）
4. 昆虫在任何成长阶段都可能遭鸟类捕食。

昆虫比种子或果实含有更多的蛋白质与养分，所以几乎每一科的鸟类都会捕食昆虫，甚至许多平时以植物为食的鸟类，育雏时为提供更充足的养分，亦会捕捉昆虫喂养雏鸟。营养丰富又美味的昆虫在每个生长过程中，即卵、幼虫、蛹或成虫，皆可能遭到捕食，而且无论其栖息活动于何处，如树枝、草原、水里、空中或泥滩，也不管白天或黑夜，随时随地都有鸟儿擦亮利喙准备加以猎捕。由此可见，鸟类对于昆虫数量的控制与农作物病虫害防治的贡献惊人。

赤腹鹰是台湾常见的过境鸟与越冬候鸟，主要以大型昆虫为主食，蜻蜓更是它们最爱的菜品之一，高超的狩猎技巧让赤腹鹰在空中抓取猎物时鲜少失手。

赤腹鹰将猎捕到的蜻蜓抓至树上食用，首先吞食头部，接着将中胸背板上的四片薄翅依序咬掉，并随即吞下蜻蜓胸部，最后将腹部和尾部整个衔起来吞食，收尾的动作则是在树枝上擦拭，以清洁嘴喙残留的食物。

蜻蜓

蜻蜓

1. 小鸊鷉生活在有丰富水生昆虫的水域环境，蜻蜓与其幼虫水虿都是它的食物。

2. 黑卷尾别名乌鹙，擅长在空中捕抓昆虫。

3. 在台湾不常见的虎纹伯劳（幼鸟）以嘴喙猎捕到蜻蜓。

4. 生活于溪涧环境的小燕尾也捕食蜻蜓。

5. 金门地区常聚集成群体繁殖的栗喉蜂虎，虽然英文名为蜜蜂捕食者(Bee-eaters)，但我只观察到它们大量捕捉蜻蜓、蝴蝶和蝉为主食。

三宝鸟常于林间空地的上空捕食飞虫，主要以蝇、虻、金龟和蜻蜓为食。

2

3

蜜蜂

Birds Feeding

1. 蜂鹰也经常踞守在养蜂场，等到无人时刻，再到地上捡食养蜂人割除弃置的蜂巢片。

2. 黄鹂高高踞守在南洋樱的枝头，精准地以嘴喙攫捕过往吸食花蜜的蜜蜂。

3. 黄鹂巧妙噬咬蜜蜂的腹部，将毒液挤出后再一口吞下。

4. 白鹡鸰守候在水域环境，成功猎捕到前来吸食水分的蜂类。

5. 蜂鹰属于中大型的猛禽，主要以摘取野生蜂巢内的幼虫、蜂蛹和蜂蜡为食。经过长久的演化，头部具有如鳞片状的细密羽毛，脚部也覆盖着坚硬的角质，所以无惧于蜂类的螫针攻击。

Bird
Feeding

蝶&蛾

尺蠖虽然拟态功力十足，仍不敌红头长尾山雀锐利的眼睛；捕获到猎物后，它直接在钟花樱桃的枝叶间左右开弓，将垂死挣扎的幼虫摔昏以便顺利吞食。

蝶&蛾

1. 黄鹂冒着风雨猎捕到的硕大蝴蝶幼虫，将是巢中嗷嗷待哺的幼鸟丰盛的一餐。

2. 蝶蛾类等鳞翅目的幼虫，经常沦为鸟类（棕头鸦雀）抚育幼雏时的猎捕对象。

3. 溪涧鸟类台湾紫啸鸫，虽然以丰富的水生生物为食，但也不会轻易放过肥美的蛾类大餐。

4. 五色鸟平日以植物性果实为主食，但育雏时则偏爱拥有丰富蛋白质的动物性食饵。

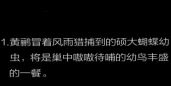

2

3

3

4

1. 螳螂虽然有一对号称镰刀杀手的
   利前肢，仍然不敌鸟类（黄鹂）的
   捕食。

2. 生活于草丛的小鸦鹃，有粗厚的
   嘴喙，堪称螳螂的头号杀手。

3. 在树丛中猎捕到姬螳螂的虎纹伯劳
   幼鸟。

4. 咬着一只螳螂急忙飞回巢洞育雏的
   五色鸟。

螽斯 & 蝗虫
Feeding

棕头鸦雀栖息于平地之灌丛与果园以及次生林等环境，并以植物嫩芽和丰富的昆虫为食。

在翠绿草叶中保护色良好的螽斯，仍然被眼力一流的褐头鹪莺发现并加以捕食。

灰脸鵟鹰凭借着超凡的眼力在空中搜寻猎物，当它发现食物时便收缩双翅高速俯冲，待接近猎物再减速，同时伸出双脚抓取，接着将猎物带到安全不受干扰的枝头享用。

当灰脸鵟鹰捕获棉蝗，它会以一脚趾爪紧紧握住再低头以利嘴撕扯吞咽，通常由头部开始食用，而且会非常仔细处理，挑去蝗虫锐利的大颚，当猎物体积逐渐缩减至适当大小时，再将剩余部位一口吞食，但膜质的翅膀部位则弃置不食。

point
09)

Chapter 1　飞行饕客

四足美味

大白鹭深邃□□睛的宽大
嘴喙，是专为□□体型稍
大的鱼类所演化的结构。

饕客

总动员

□操控能力的鸥鸟，能于飞行的状态
□速掠水捕食水中游鱼；还有能以汤
□扁嘴于水中搜寻觅食的琵鹭，与怀
□爪绝技的鹗等，这些擅长捕鱼的各
□儿们，各自怀抱有独门捕鱼装备与
□秘技，每次出击只求嘴（脚）到擒
□每天都能得以温饱。

1.小白鹭的嘴裂虽然也接近眼睛，但因为嘴型相对于大白鹭较为短小，所以能吃的鱼类也比较小。

2.池鹭守在鱼类逆游必经的水流通道上以逸待劳。 3.凤头鹏鹕以潜水追捕的方式猎取鱼类。

4.水雉虽然以水生昆虫为主食，但偶尔捕到了小鱼儿，也可顺便为自己加菜。

5.翠鸟专吃鱼虾，偶尔也会取食蝌蚪、溪蟹；每当观察到翠鸟衔咬鱼类却迟迟未见吞咽，而且鱼的头部朝前，代表这珍贵的食物是准备用来喂食幼鸟的。

6.苍鹭也是猎捕鱼类的高手。 7.黑枕燕鸥属于台湾地区的夏候鸟，繁殖于无人岛屿，主食丁香鱼。

8.夏季的澎湖海域盛产丁香鱼，燕鸥科鸟类中的白额燕鸥特别躬逢其盛，适时繁衍后代。

The Secret Life of Birds
(Feeding & Feathers)

白胸翡翠经常伫立于水边枝头，
静静等候小鱼靠近，再急速俯冲
入水捕捉。

翠鸟科的鸟类通常在吞食捕获的鱼虾之前，
会将猎物以嘴喙抛接调整以便咬住后段躯
体，再大力甩头，将猎物的头部重重敲击于
树枝或是石头之上，并且连续左右反复数
次，让猎物昏眩丧失挣扎能力，以方便吞咽

生活于山区溪涧的褐河乌，善于潜入水底猎捕水生昆虫和鱼虾等生物，偶尔也会捕食小型溪蟹。

褐河乌捕抓到溪虾后，会先在石头上甩掷，待坚硬的甲壳稍微软化后再行吞食。

Chapter 1　飞行饕客

片甲不留

生猛鲜甜的虾子与螃蟹，亦是水鸟们的最爱，但因甲壳类动物身体外表长有硬壳与螯刺保护，造成鸟类吞食不易。所以水鸟们在捕食蟹类时，会先将蟹类在地表、石块上甩动，使其螯足脱落后再吞食圆滚的块状身体，随即接着捡拾散落地面的螯肢逐一吞下，完全不会浪费一丁点宝贵的食物。

而至于虾类的食用，则必须由尾部朝内的方向吞咽，以避免虾头前端的棘刺，因吞食的方向错误而刺伤了柔软的喉咙组织。鸟儿们会避免捕食体型过大的猎物，尽量选择体型大约与其嘴基等宽或略小的虾蟹，以方便进食。

1. 蓝翡翠主食螃蟹，经常栖停于泥滩湿地的突出高点，物色地面上活动的招潮蟹，并在双脚不着地的贴地飞行中，以嘴喙叼起螃蟹再带到适合的地点食用。如同所有翠鸟科鸟类的取食习惯，蓝翡翠吞食前会先将猎物大力敲击使其昏眩，只吞咽肢足脱落的螃蟹躯体。

2. 白胸翡翠粗厚的大嘴是厉害的猎捕工具，

point
)
12
)

Chapter 1 飞行猎客

蛇蝎杀手

The Secret Life of Birds
(Feeding & Feathers)

蜈蚣为节肢动物，号称百足虫，以步足奔行于地面落叶堆中猎食小型生物，不过却也沦为大型猛禽蛇雕的猎物。

在地表捕捉到蜈蚣的蛇雕亲鸟，将其带回巢中喂哺幼鸟，相较于蛇雕的体型，大型蜈蚣仍显得娇小，只够"塞牙缝"。

灰脸鵟鹰栖息于浅山丘陵中，以大型昆虫和两栖爬虫类为主要食物，并擅长捕抓小型的蛇类。

蛇雕繁殖栖息的环境常有大量蛇类出没，恰好提供自己与育雏时的丰富食物来源。

凤头鹰虽以鸟类、蜥蜴和松鼠为主食，若遇到小型蛇类也会加以猎捕，带回巢中喂

hapter 1　飞行饕客

鼠辈宿敌

　　肥嫩的田鼠、松鼠等啮齿目动物是许多猛禽的主要食物。猛禽多具有利于撕开肉类的钩状喙嚎，以及又长又弯便于搜获猎物的利爪，猎食时会利用敏锐的视觉与听力搜寻。鹞会盘旋于草原或水泽上空搜寻隐身其中的鼠辈；红隼的眼睛甚至可以看见田鼠尿液反射的紫外线，借以精准判断猎物的活动范围，再迅速俯冲加以捕食。

　　栖息于林地的猛禽通常采取奇袭策略，先埋伏于松鼠经常出没的林间或是守候在雀榕等丰富食物旁的浓密枝叶间，趁猎物经过或是过度沉醉于享用美食而疏忽警戒，再出奇制胜攻其不备，突然发动袭击攻势，以完美的狩猎技巧，让鼠辈无法横行。

　　在松鼠以树叶构筑而成的庞大圆形巢边，或是位于大型马桌蕨根座内部或是天然树洞里面的飞鼠窝巢，有部分猛禽也会静静等候或试探性地加以骚扰，待猎物受到惊吓而冲出时，迅速飞扑抓取，将其手到擒来。

1

2

1.红隼带着刚刚捕获的老鼠，急忙升空寻找平稳安全的餐桌以便进食。

2.红隼在地上捕抓到鼠类后，会就近于地面取食或将猎物带到隐秘枝条上安稳进食，以防止遭到其他动物觊觎或抢夺食物。

生活于原始森林的鹰雕是台湾最大型的猛禽，经常猎捕松鼠和鼯鼠等啮齿类动物回巢喂育雏鸟。我也曾记录其捕食森林性小型鼠类。

年幼的鹰雕雏鸟面对着亲鸟带回来当作食物的白面鼯鼠，只能束手无策地等待妈妈回来处理和喂食。

Chapter 1 飞行饕客

同类相残

并非只有掠食性的猛禽才会捕食鸟类，很多看起来温驯无害的鸟类（黄鹂），尤其有雏鸟需要喂养时，只要逮到机会也常捕捉其他鸟类的幼雏。

为求生存，六亲不认，弱肉强食的行为在鸟类世界中也相当常见。对于肉食性的猛禽而言，猎物都是一视同仁，在它们的眼中，小型鸟类与啮齿动物等都是食物，皆为其蛋白质的来源，即使同为鸟类亦不会手下留情，松雀鹰、凤头鹰与鹰鹃等猛禽便经常埋伏于林中，伺机猎捕小型山鸟。

并非只有掠食性的猛禽才会捕食鸟类，很多看起来温驯无害的鸟类如黄鹂等，特别是在繁殖期时，当它们有雏鸟需要喂养，只要一逮到机会，也经常捕捉其他鸟类刚孵化不久、尚且柔弱无助、双眼未开、全身无毛的幼雏，来喂养自己嗷嗷待哺的雏鸟。

而秉持机会主义的夜鹭与喜鹊、树鹊、乌鸦和小鸦鹃等鸟类，为求温饱，亦会趁其他亲鸟外出寻找食物时，偷袭巢中无力反击的卵及幼鸟。动物界充满了竞争，在没有是非对错只有适者生存的现实世界里，捕食猎物与避免遭到捕食，才是唯一的生存法则。

3

4

2

1. 为了养活自己的幼雏，只好牺牲别人的幼鸟来填饱自家人如同无底深渊一般的胃口；同类相残的现象无关乎道德，在丛林里只有弱肉强食的自然生存之道。丛林生存法则第一条：捕捉猎物和避免被抓，是所有动物都奉为圭臬和终生遵守的不变法则。

2. 普通𫛭捕获到因为专心低头觅食而放松警戒的野鸽子。

3. 灰脸𫛭鹰的幼鸟正在吞食由亲鸟带回来的其他鸟类，在弱肉强食的世界，同类相残无关乎道德，在它们的眼中只是可口的食物。

4. 苍鹰是典型的树林性猛禽，专门猎捕其他鸟类为食，尽管只是尚未离巢的幼鸟，已然具备鸟类杀手的特质。

3

4

1.凤头鹰亲鸟带其他种鸟的雏鸟回来喂养自己的幼鸟。

2.在四月份中杜鹃过境的季节，一批批刚刚飞抵陆地的中杜鹃，体力耗费殆尽，急忙在
　蛾类幼虫丰富的植物上觅食，以补充因为长途迁徙而流失的体力。虽然中杜鹃非常小
　心谨慎地眼观四路，但就在一阵黑影快速接近的瞬间，中杜鹃已经被棕背伯劳紧紧捉
　在脚下，还来不及挣扎，咽喉已遭伯劳咬断，接着拔去羽毛并开始撕咬。

3.棕背伯劳是凶狠的掠食性小型猛禽，虽然体型较中杜鹃略小，但凭借着尖嘴利爪，往
　往可以轻易撂倒猎物。我放低身段探看灌丛和地表，发现这对育雏中的棕背伯劳夫妇，
　竟然接连猎杀了七八只羽色和斑纹略有差异的杜鹃科鸟类。

4.伯劳的体型虽小不及人类的拳头，却是其他小型鸟类心目中的可怕掠食者。

point

15

Chapter 1　飞行饕客

素食主义

鸟类中亦有素食主义者，喜以植物的浆果、坚果、嫩叶、嫩芽以及草籽等为食，此类乐活潮流奉行者以鸠鸽科鸟类为主。在寒带地区，由于冬季落叶树种纷纷掉光树叶，植物也渐渐进入蛰伏的休眠状态，所以食物较为贫乏，吃素的鸟类比较不容易找到足够食物，几乎无法停留在当地继续生存，通常如山斑鸠等擅长飞行的鸟种，便会迁徙到南方温暖的常绿树林度过严冬。而位于亚热带的台湾，植物族群繁盛，加上气候温暖，一年四季皆有植物可提供食物，或开花、或结果、或长出嫩芽等，使得习于以植物性食饵为生的鸟类能取得足够食物，而无断粮的危机。

生活于台湾地区的鸠鸽科鸟类，主要有火斑鸠、珠颈斑鸠、山斑鸠、绿翅金鸠、红翅绿鸠、红顶绿鸠、菲律宾鹃鸠和灰林鸽等，它们皆筑巢于树上，食物也都是以植物性食饵为主，但觅食习性却大不相同。其中火斑鸠、珠颈斑鸠、山斑鸠、绿翅金鸠觅食于地上，双脚擅长步行。红翅绿鸠、红顶绿鸠、菲律宾鹃鸠和灰林鸽等，则属于森林性鸟类，双脚则擅长攀爬于枝叶间。

虽说鸠鸽科鸟类是素食主义的奉行者，但实际上它们直接间接、或多或少都可能在觅食中摄食到潜藏其间的昆虫及其幼虫，只是比例上可谓微乎其微。而且它们连育雏阶段也不像其他鸟种如麻雀等，改以动物性蛋白质丰富的食物为幼鸟的菜品，还是不改吃素食的一贯作风。

1.山斑鸠等鸠鸽科鸟类，喜以植物的浆果、坚果、嫩叶、嫩芽以及草籽等为食。

2.珠颈斑鸠与山斑鸠同属于鸠鸽科，常在地面上步行捡拾掉落的果实种子等为食。

3.灰林鸽是喜欢群聚的森林性鸟类，非繁殖期间经常成数十至上百的群体共同觅食活动。

4.菲律宾鹃鸠分布在兰屿地区，经常单独或配对活动于树林顶层。

左页图·红翅绿鸠属于树栖性鸠鸽科鸟类，保护色良好，常隐藏在浓密的树叶间取食植物果实。

point
16

不可食无肉

蓝翡翠等翠鸟科鸟类，主食鱼虾和蝌蚪，生活于陆地环境的赤翡翠则捕食小型蛇类和蜥蜴、青蛙等当作食物。

肉食所具备的优点是同样的食物重量，肉类的营养成分比种子或果实要高出许多，因此肉食性的鸟类每天需要花在觅食上的时间较少。生活在水边的鹭鸶、鸬鹚、翠鸟等鸟类，主要以鱼类为食；鹰科与鸱鸮科的猛禽，则以昆虫、小型哺乳类与鸟类为食。看似冷血残忍，但食肉的鸟类在生态系中却扮演着十分必要的角色，因为它们通常以最弱小和最不敏捷的猎物为捕食对象，可以借此消除猎物中的疾病与劣质基因，反而可促进其整体族群的基因演化。

1.小型猛禽红尾伯劳是族群数量庞大的冬候鸟和过境鸟，主要以昆虫、小型爬行类、鸟类为食，甚至连两栖类和鱼虾也都列入它的菜谱。

2.普通鵟属中型猛禽，主要栖息于旱田、农耕地等开阔的环境，猎捕鼠类为食。

3.生活在水域环境的鹭科鸟类，主要以鱼虾等生物为食物，但陆地环境的鹭科鸟类也会捕食蚯蚓、昆虫、两栖类和小型爬虫类等当作食物。

4.鸱鸮科鸟类俗称猫头鹰，主要猎捕昆虫、鼠类、鸟类甚至鱼类等为食；短耳鸮栖息于开阔的草生地，主要以田鼠等啮齿类为食物。

5.黑脸琵鹭使用扁平嘴喙在水中摆动以捕食鱼虾等食物。

荤素不拘

由于环境的限制与生理构造的演化，部分鸟类逐渐演进出特化的食性，即只吃某一类食物，而且很难再接受其他食物，例如蛇雕以蛇类、两栖类为主食，鸬鹚则只吃鱼等。但多数的鸟类深知觅食不易，对各类食物的接受度越高，能存活的概率亦越高，偏食可能在单一食物匮乏时为它们带来致命性的影响。因此在长期的生存竞争下，它们可以接受的食物种类越来越多，食性也逐渐趋向杂食性，食物是荤与素皆不拘，动或静全可食。

1. 大部分鸟类的食性都是倾向杂食，灰头鹀食草籽的典型嘴喙也难抵挡蛾类幼虫多汁味美的诱惑。

2. 台湾斑翅鹛经常攀爬行走于浓密森林的树木枝干间，寻找藏身树皮裂缝里的昆虫为食，但也经常造访结实累累的美味植物。

3. 黑水鸡的菜单可以说是包罗万象，从水生植物的根茎嫩叶，到水生昆虫以及鱼虾类等都能欣然接受。

4. 漂浮在水面上的死鱼尸体，若刚好让黑水鸡碰到，也会照单全收啄食殆尽。

point
18

Chapter 1　飞行饕客

微醺
好滋味

The Secret Life of Birds
(Feeding & Feathers)

金门高粱酒是瘾君子喜爱的甘醇佳酿，而酿酒后剩余的残渣高粱酒糟亦是鸟儿眼中的酒香佳肴。居民们会将高粱酒糟堆置储放于牛棚或乡野之间，再提供给饲养的家禽牲畜等作为饲料用。酒糟的醋甜香气与营养美味，常吸引许多喜食谷物的鸟类成群觅食。傍海而筑的金门酒厂以前会将酿酒过程中产生的废水直接排放于海中，温热的废水中夹杂着许多酒糟碎屑，常吸引大量过冬或过境的鸭子群集于此片水域取暖并觅食。不过近年来因环保规定禁止酒厂直接排放污水，群鸭觅食的壮观景象已不复见。

1.丝光椋鸟在堆置的酒糟中觅食。

2.白头鹎精选出颗粒完整、养分犹存的高粱。

3.生性隐秘羞怯的白胸苦恶鸟，趁着天色微亮的清晨时段攀爬上酒糟堆取食。

4.金门田野间随处易见的环颈雉（雄鸟）也来摄食现成的佳肴。

Chapter 1　飞行饕客

没事多喝水

地球上所有的动植物都需要补充水分，鸟类也不例外，水亦是它们生存所需。但鸟类需要的饮水量与频率，却不像其他动物那么高，有些鸟类可以长时间不喝水，主要原因是鸟类为了避免身体的水分丧失，排尿液的量非常少，氮代谢成不易溶解的尿酸和粪便一起排出，所以喝进的水几乎都会被身体吸收。很多鸟没有吞咽的反射动作，因此必须将鸟喙放进水中，再微仰身体，让水流入食道，此时它们非常容易遭受掠食者攻击，因此小型鸟类会群聚在一起喝水，多些鸟儿加入警戒，便多一分安全保障。另外像鸠鸽科鸟类，它们能将舌头当成水泵，使喝水更快更有效率。

1. 黑尾蜡嘴雀等主食种籽的鸟类需要经常喝水，以帮助干燥坚硬的食物在胃里吸水软化，来减轻消化系统的负担。像鹭鸶等直接吞咽鱼儿的鸟类，常在吞食一只过大的活鱼之后，紧接着低头喝几口水，其目的在于帮助食物通过长长的食道。

2. 白头鹎等大部分鸟类喝水时，是将微张的嘴喙置入水中，再将头颈上仰抬起，让口腔里饱满的水顺势流入食道之中，接着进入消化系统，再被身体吸收。

3. 长时间生活在水中的凤头潜鸭，也需要经常喝水。

4. 鸠鸽科等少数鸟类喝水时，不似其他鸟类般需要仰头以帮助水流入食道，它们的舌头有类似水泵的特殊功用，只要低着头，接着鼓动喉部的舌头，水便能源源不绝输送到食道。

5. 灰脸鵟鹰等掠食性猛禽以其他动物为食，因此身体对于水分的需求大部分是通过摄取的食物来供应，但还是需要直接喝水来补充不足的水分，以维持身体的正常机能。（左页图）

point 20)

Chapter 1　飞行饕客

大自然清道夫

有一部分鸟类并不亲自动手捕食，而是以腐食为生。腐食就是吃动物的尸体，吃腐肉的鸟类以乌鸦、黑耳鸢与鸥类最为常见。它们会以锐利的视力或敏锐的嗅觉，找出田野、水边或公路上的动物尸体，或直接抢夺已遭其他动物猎杀的动物，再加以啄食清除。乌鸦常以山间或公路上的动物尸体为食，黑耳鸢与鸥类则常徘徊于渔港或鱼池上空，捡拾自然死亡的鱼类尸体，或人类丢弃的动物内脏等为食。腐食者是大自然的清道夫，有助于生态系统的物质循环，所以在野生动物群落中占有重要的地位。

1

塔塔加

2

左连续图：黑尾鸥等鸥科鸟类常在渔港上空盘旋搜寻，一旦发现渔船处理渔获，抛弃漂流于水面的内脏残骸，随即俯冲叨起沾满了油污的废弃物。

下连续图：人类随意弃置的面包、菜肴、厨余等食物，无意间成为鸟类等动物便利的食物来源。它们也乐意改变食性与觅食习惯，帮人类清理这些废弃物。

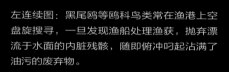

左页图1：黑耳鸢很少猎捕觅食，几乎全以腐肉、内脏、鱼尸或人类丢弃的残羹剩菜为食，它们常常在鱼池附近徘徊，捞取漂浮在水面上的鱼尸为食。

左页图2：台湾山区常见的乌鸦，习惯聚集于风景区的停车场或是垃圾堆中，捡拾人类丢弃的食物和剩菜为食。

The Secret Life of Birds
(Feeding & Feathers)

Chapter 1　飞行饕客

贮食
好习惯

　　贮存食物对生活在寒冷环境的鸟类如山雀、松鸦等来说，是关乎生存的重要行为。在夏末秋初，很多鸟类便开始将昆虫、谷类、种子及其他食物储藏到树干裂缝、树皮间以及地面的洞穴中，以期安然度过贫瘠的冬季。而属小型猛禽的伯劳鸟则在食物过多时展现贮食的本领，其做法是将捕捉到的猎物一一刺穿在灌木的棘刺或铁丝篱上，建立一个令人惊悚的食物储藏区，以供下次食用。伯劳通常会将储藏的食物分散存放于栖息领地四处，以分担失窃的风险；这个丰富的"馆藏"视所在环境与食物来源，一般包括小型鸟类、各种昆虫及幼虫、蜥蜴、青蛙、鱼、虾，甚至是小型鼠类等。

1

杂色山雀常大量收
集种子，然后固定
贮放于洞隙之中。

曾经观察过喜鹊与其他鸟类一起争食人类放置用以喂食动物的过期面包，只见众鸟都采取少量就地啄食的方式，唯独喜鹊径自将大块食物直接叼走，越过围墙后方，只一眨眼的时间随即又回来，并再次叼走食物，重复相同行为数次。据分析，聪明的喜鹊唯恐食物被抢食一空，因此进行贮食行为。喜鹊（左）与松鸦（右）同为精于贮食行为的鸦科鸟类。

工尾伯劳通常在食物过剩时展现贮食的行为，储藏的食物分散存放于栖息领地四处，将其刺穿挂在灌木的棘刺或铁丝刺篱上，以

杂色山雀、绿背山雀等山雀科鸟类，也有贮食的习惯，它们经常在食物丰盛的季节大量收集种子，然后固定贮放于树皮裂缝或是洞

不吐不快

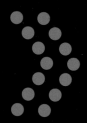

鸟类只有角质的喙喙，因为没有可提供咀嚼功能的牙齿，又要在进食时避免被同伴抢夺，或因为拉长进食时间而有招来掠食者的危险，常将食物囫囵快速吞咽而下。但由于鸟类消化系统特有的砂囊构造，其强韧的肌肉内壁会将不能食用与消化的毛皮、骨头、指爪、甲壳、鞘翅或种子皮膜等，聚集滚压成橄榄状的块状食茧，并在适当时机反吐到地面上。所以食茧可以作为研究鸟类食物的种类、大小和能量进出等最佳的间接证据。

砂囊是鸟类特有的消化器官，又称为肌胃，是由强韧的胃肌构成，里面容纳有鸟类伴随着食物或刻意吞下的沙子或碎石子，所以砂囊的功用在于借由肌肉内壁收缩碾磨，将食物压碎以减轻消化系统的负担（相当于其他动物的牙齿）。

食茧在砂囊内，会因为每日摄取的

往对中杜鹃与杜鹃觅食习惯的观察中，也只有吃鳞翅目幼虫的记录，其中最令人印象深刻的是，杜鹃科是少数无惧于毒蛾全身茸刺幼虫的鸟类。然而逐渐掌握噪鹃生态习性之后，发现不论雄、雌鸟抑或是幼鸟，都是木瓜的超级爱好者，经过观察发现，它们不只吃果肉，就连果皮种子也连着果肉一起照吞不误。当无法消化的残渣形成适当大小的食茧，噪鹃便会停止进食，并开始借由蠕动上消化道将其反呕吐出。

辉椋鸟正将无法消化的果实种子一颗接连一颗依序吐出，它先前整颗吞咽的果实，经过砂囊强韧有力的胃肌碾磨，果皮与果肉都已经完成消化，剩余无法借由肠道吸收的种子就以反吐的方式排出。

虎纹伯劳（幼鸟）好不容易捕抓到的猎物，却因为砂囊内的空间已饱和，而面临无法再容纳食物的窘境，但它会借由消化道的蠕动，先将砂囊内纠结滚压形成橄榄块状的食茧，经由前胃、嗉囊、食道、咽喉再由嘴巴反呕吐出，清出砂囊中占据消化空间的食茧之后，虎纹伯劳就无后顾之忧，可以尽情享用美食了。

蓝胸秧鸡将无法消化的螃蟹甲壳和鱼类骨头等，在砂囊内聚集滚压形成橄榄状的块状食茧吐出。砂囊又称为肌胃，是鸟类特有的消化器官，它含有鸟类刻意吞食以帮助磨碎食物的沙子或碎石，外面包覆强韧有力的胃肌，因为鸟类没有牙齿，所有食物均采用吞食方式，所以砂囊的功用在于借由肌肉内壁收缩碾磨将食物压碎。

红尾伯劳正在反呕吐出食茧硬块。

苍鹰幼鸟的脚踩着亲鸟刚带回来的新鲜食物，却不能立刻享用，其原因在于喉咙有一个硬块卡住，需要先行吐出才有办法继续进食，而这个无法消化的硬块称为食茧，是由骨头、趾爪或是羽毛构成。

停栖在枝头的鸬鹚为了避免排泄物沾污栖枝，排便时会翘高尾巴，抬起臀部使身体略成水平姿势，再将白色液态的排泄物喷射而出。通常以肉类、鱼、虾等动物性食饵为食的鸟类，其排泄物多半为白色液状的尿酸，还有少量难以消化的固态残骸夹杂其中。

point

23

Chapter 1　飞行饕客

倾泻而下

1. 尚未离巢的蛇雕幼鸟因为还没有飞行能力，只能坐困在这座宛如树林孤岛的巢中，然而腥臭的排泄物可能引来掠食者的觊觎（虽然是猛禽仍有天敌），所以幼鸟在排便时会背向外侧抬高臀部大力喷射，排泄物便落在巢树下方数米以外，由巢内的干净程度可见此法的确奏效。

2. 五色鸟摄食浆果与果实后排出的条状排泄物，只有前端具有极少量白色的尿酸成分，由排泄物的外观约略可看出具有大量微小未消化的植物种子，只要粪便落在适当的地点，这些种子即会发芽而展现旺盛生机。

3. 黑尾鸥在繁殖期间，在护卫领地与后代的强烈决心驱使下，对于入侵的生物丝毫不假辞色，此时排泄物的轰炸攻势成了最有效的驱敌武器。

4. 黑枕王鹟的亲鸟在喂完幼雏后通常不会马上离开，等幼鸟因吞咽食物后刺激肠道蠕动而排便，再将粪囊自幼鸟的肛门叼走。

5. 辉椋鸟摄食果实消化后排出的固态排泄物。

6. 大部分雀形目的鸟类（棕头鸦雀）雏鸟的排泄物为包覆着胶质囊膜的粪囊，亲鸟会将其衔至较远处丢弃，以免产生气味而引来掠食者。

有点黏又
不会太黏

　　许多植物果实中的种子在被鸟类吞下后两分钟内，即会因消化道运作而断了生机。但雀榕、桑寄生等寄生植物的繁殖却非常依赖鸟类。因为寄生植物的种子相当特别，多半具有黏液，当鸟类啄食时，便粘黏在鸟的嘴喙上，鸟儿在树枝上摩擦以便去除时，会将种子粘在树上，种子便可趁机发芽生长。寄生植物的种子亦能毫发无伤地通过鸟类的消化道，再随着粪便排出，或粘附于鸟的肛门附近，借着鸟儿摆臀擦拭的动作，再附着于寄生的树上。

　　植物想要利用鸟类主动来携带种子，需要相当有吸引力的诱因。所以此类植物会结出甜美浆果以吸引鸟类取食，其种子便能随鸟类飞行传播至远处生长，也可以避免幼株与母株产生生存竞争。

　　植物在大自然的生态体系之中，一向扮演着生产者的重要角色，鸟类等动物摄食植物的根、茎、叶、花朵（蜜）、果实和种子等部位，将其转变成供应自身大量活动所需的能量。然而动物们并非可以完全免费享用这些美味食物，鸟类等动物常在无意间，直接或间接地帮助植物完成授粉和传播种子的任务，就连在树丛间觅食昆虫的鸟类，也都是在帮助植物扑杀危害根、茎、枝、叶、花、果和种实的害虫。

左页图：寄生性植物的种子能毫发无伤地通过鸟类的消化道，再随着黏稠的粪便，粘黏于鸟的肛门附近，借着鸟儿（红胸啄花鸟）摆臀擦拭的动作，附着于寄生的树上。

1. 桑树等植物结出累累的果实吸引白头鹎等鸟类来吃，其种子便能随着鸟类消化道传播到离母株较远的地方，以避免与幼株的生存竞争。

2. 鸟类排出的粪便中含有未消化的细小桑树种子，植物借由鸟类以扩展其群落领域。

3. 寄生于钟花樱桃的桑寄生，主要依赖红胸啄花鸟为其传播种子。

4. 纯色啄花鸟与忍冬叶桑寄生，两者关系密切，纯色啄花鸟喜爱吸食忍冬叶桑寄生的花蜜，也大量摄食成熟果实，然而忍冬叶桑寄生也借由花果诱使纯色啄花鸟为其授粉和传播种子，两者互蒙其利。

5. 栗耳鹎的排便虽然只是生理上的小小需求，却可能因此而帮助植物传播种子，扩展植群领域。

6. 褐头鹪莺在稻田里寻找危害植物生长的昆虫，虽然只是为了填饱肚子，但在无意间帮了植物的大忙。

point

25)

Chapter 1 飞行饕客

慧眼独具

视觉是鸟类高度发展的感官，堪称所有动物当中最发达的。它们依靠视觉发现食物，也借着视觉上的警戒而规避掠食者。大部分鸟类的眼睛位于头的两侧，使得它们的视野较其他动物更广。而猫头鹰的双眼却位于正前方，为了弥补视野只限于前方的缺点，它的头部可以大幅转动，几乎可达270度。

视网膜包含两种敏感成分，一种是可以感受明暗的杆细胞，另一种是可以感知颜色的锥细胞。夜行性的猫头鹰，其双眼视网膜上几乎都是杆细胞，使它能在幽暗的夜间密林中发现猎物。而白天狩猎的鸟则同时拥有杆细胞与锥细胞，虽然牺牲了夜视的能力，却增加了对

颜色的感觉能力。鸟类眼球中的杆细胞与锥细胞在数量与质量上皆优于其他动物，所以它们的视觉独冠群伦。某些鸟类可以看见非常宽广的光谱，例如红隼可以看见人类视力看不见的紫外线光谱，借此可由空中侦察田鼠尿液反射的紫外线，增加其猎食效率。

鸟类的眼睛亦自备护目镜，即呈半透明状的瞬膜，用以保护眼球。瞬膜可在鸟类飞行时给予眼球保护，避免风沙的伤害。掠食性猛禽在抓取猎物的瞬间，亦会合起瞬膜，以防止猎物挣扎反扑伤及眼睛。水鸟潜水时，瞬膜亦会跟着合起，其作用犹如泳镜，除了保护双眼外，亦可使它们在水中清晰搜寻猎物。

赤腹鹰（亚成鸟）等日行性猛禽的视力良好，而且在头部正面形成较大的重叠区域，这有助于在空中追击猎物，并且精准判断猎物所在位置与估算距离。但相对的，视野较为狭窄也代表可视范围较小，因此日行性猛禽经常大幅度上下左右摆动头颈，以使增加搜寻范围。

蛇雕等掠食性猛禽在抓取猎物的瞬间，会合起瞬膜，以防止猎物挣扎反扑伤及眼睛。

丘鹬的视野非常宽广，可达水平360度的全方位视野，即使掠食者从身体后侧悄然摸近，也能被其发现。这种特异的视野能力对它尤其重要，当它将嘴喙垂直朝向地表专心戳插捕食蚯蚓时，超越鱼眼的宽广视野让各个方向潜行而来的威胁都无所遁形。

白胸翡翠的眼睛具有瞬膜的构造，这能保护它冲击水面捕抓猎物时，避免遭受水中异物或水压的伤害。

松雀鹰等猫头鹰的双眼位于脸盘的正前方，虽然视野狭小，却能借由双眼视线的重叠，精准判断猎物的

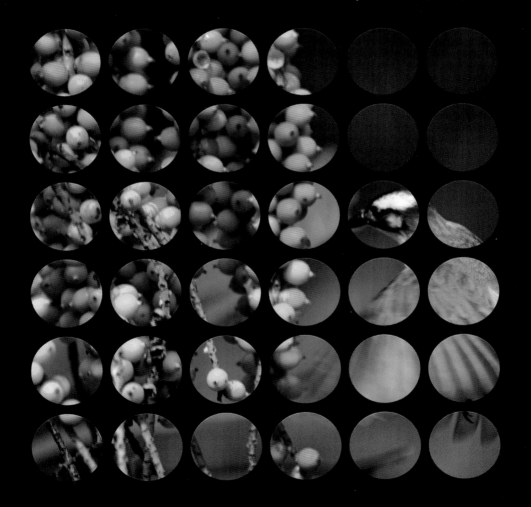

Chapter ② Feeding 空中猎手

黑尾鸥如弯曲短刀般锐利的嘴喙，不论是从水面捞捕食物，或是与同伴抢夺缠斗都游刃有余。

point
01

Chapter 2　空中猎手

觅食显神通

黑脸琵鹭扁平如饭匙般的长长嘴喙，配上略带凹蹼的高脚，使它能在稍深的水域中，借由敏感的触觉捕捉到鱼虾。

鸟以食为天，鸟儿们似乎有个总是填不饱的胃。事实上，鸟类为了能够自由自在翱翔天际，不能在消化系统内无穷尽地填塞大量食物。为了减轻重量，以便体态轻盈有利于飞行，大部分鸟类以少量多餐作为适应之道。观察中发现，鸟类除了睡眠时间外，几乎有70%至90%的时间花在搜寻食物与进食上。由于各种鸟类的食性不同，为了取得广泛而多样的食物，它们除了演进出特化的生理机能与形态构造外，亦视所在的环境与猎物的特性，发展出聪明而有效率的觅食方法与策略。

每种鸟的觅食技巧与各式各样的食物选择，是鸟类观察与研究的有趣领域。鸟类的觅食策略与技巧五花八门，如棕尾褐鹟选择特定的地点捕食，凤头鹰善于埋伏奇袭，黄苇鳽则喜静静守候，鹗习惯单打独斗，鸬鹚则组成觅食团队提高觅食效率，而当有机会不需辛苦捕食就能从别人那里夺得食物时，投机的鸟儿们通常不会放过这个大好机会。鸟儿们个个精锐尽出，忙忙碌碌、汲汲营营地努力，只为求得一顿温饱！

1. 中杓鹬偶尔站立于潮来潮往的沙岸边注视着水面，随机捡拾由潮水带来的食物碎屑，虽不需任何猎食技巧，仅凭机会眷顾，却无法保证每餐皆能得到温饱。

2. 鸟类因为栖息环境与身体构造不尽相同，各自演化出大异其趣的觅食技巧。红颈瓣蹼鹬借由转圈形成漩涡所产生的吸力，将水底的生物带到水面再加以捕食。

3. 雁鸭科鸟类的滤食状嘴喙边缘，长有梳状的凹陷刻痕（筛板），闭合后能轻易将水分滤掉，而将水藻、浮萍等固态食物保留下来。

4. 鹭鸶伸长富有弹性的颈部，紧盯着水里的鱼类，冷不防将锋利的尖嘴如鱼枪般弹射而出，将措手不及的鱼儿猎捕到手。

point

02)

The Secret Life of Birds
(Feeding & Feathers)

Chapter 2 　空中猎手

特搜美食团

一般鸟类的觅食方式大都秉持着机会主义，它们通常单独或成群体方式，在固定的活动范围内不断移动，地毯式搜寻可能找得到的任何食物。例如栖息于树林里的大多数鸟类，通常不会刻意去记住特定果实成熟的时节，或者掌握某种昆虫大发生的确切时机，大都在这棵树上仔细搜索任何可以当作食物的果实和昆虫之后，便依序往下一棵树移动，几乎每天以固定路线进行游击战的觅食模式。又如生活在潮间带，作息时间深深受到每天两次潮汐影响的滨鹬与三趾鹬等水鸟，会在潮水刚退的海岸或泥滩上，急急忙忙行进，以寻找退潮后留在地面的食物碎屑。

1.翻石鹬是栖息于滨海湿地和潮间带的涉禽，鸟如其名，其著名的觅食方式就是翻开沿途经过的每颗小石子和贝壳等突起物，以找寻藏身底下的生物为食；也经常数只个体一字排开如地毯般，将潮湿地面平铺生长的藻类掀开以寻找食物。

2.燕雀在地上捡拾成熟后掉落的椰榆种子，边走边仔细搜寻，以确保没有遗漏。

3.在海岸潮间带上成群体活动的红脚鹬，擅长以游击式的方式搜索寻找食物。

左页图：须浮鸥锁定一个食物丰富的草泽为觅食范围，便固定在此区域内不断移动强力搜寻，它们常单独或形成一个觅食团体，借着地毯式的扫描，不放过任何一个可能，发现猎物后立刻俯冲加以猎捕。

定点捕食专家

鸟类捕捉昆虫的方法有许多种，定点捕食便是捕捉飞行昆虫的一种有效方法。鸟类首先停栖于树枝的一端，发现昆虫飞近时，立刻往外飞出，直接捕食到昆虫后，再回到原来的地方，继续等待下一个猎物。会有定点捕食动作的鸟类首推鹟科鸟类，如棕尾褐鹟、灰纹鹟。鹟科鸟类的嘴喙平扁，嘴基部较宽大，嘴喙边缘还有敏感的口须，能帮助拦截飞行中的昆虫，提高捕食的成功率，善用这些生理特征与捕食策略，使它们能够轻易捕捉到飞行中的昆虫。

1.2. 棕尾褐鹟等鸟类是定点捕食的专家，常踞守在特定的突出枝头上，急忙升空拦截过往的小型飞虫，并在绕飞一圈之后又回到原点等候。

3. 灰纹鹟是台湾常见的过境鸟，着生口须的宽阔嘴巴有助于它们猎捕飞虫。

4. 鸲姬鹟虽然体型轻盈小巧，却与灰纹鹟、棕尾褐鹟同样都是飞行能力与耐力俱佳的迁徙性鸟类。

左图：红喉姬鹟在台湾是稀有罕见的迷鸟，2006年冬天我在垦丁关山发现一越冬的雌性个体。

point
04

Chapter 2　空中猎手

以静制动
的忍者

鹭科鸟类聚精会神排排站
立在鱼池边缘，等候失去
戒心的鱼类游至跟前，再
伸出利嘴加以捕食。

生活于水滨的鸟类为避免惊扰水中鱼群，常选择被动的静候法来捕食。许多鹭科鸟类，如黄苇鳽、池鹭等，相当擅长使用此种守株待兔的方法捕鱼。它们觅食时会先选择安全隐匿的地点，然后一动也不动地停栖此处静静等待，并以双眼专注监视水中动静，每当有鱼游过时，它们会先缓慢无声地移动至适当距离，然后长脖子会以迅雷不及掩耳的速度往下，以长而尖的剑形嘴喙啄击水中的鱼，捕食成功率相当高。

白胸翡翠擅长不动声色地停栖于枝头上，等待鱼虾游到容易猎捕的范围内，再急速俯冲而下。

草鹭又称为紫鹭，常伫立于隐秘的草丛中静候鱼、虾、青蛙或是小型蛇类接近，发动突击。

夜鹭常在湍急溪流通道上，保持静立不动的姿势，等待鱼儿游过再啄食。

黄苇鳽是天生的拟态高手，除了身上与环境相仿的纵纹具有隐蔽效果，遇到危险时还会将胸腹部位面向天敌，同时将嘴尖朝上并保持上身不动，以混淆掠食者的视力。黄苇鳽猎捕鱼类时，也擅长利用本身不动如山的定力，让水里的鱼类误以为它是环境的一部分，主动靠近早已伸长脖子静候多时的猎鱼专家；当鱼儿接近猎捕范围时，黄苇鳽极富弹性的长脖子与紧紧抓握住树枝的双脚，会如同装了弹簧一般激射而出，并用尖锐的嘴喙成功啄取猎物。

Chapter 2　空中猎手

猛将奇兵

猛禽虽拥有特化的尖嘴利爪以及灵敏的视力与听觉，但如此精良的配备，也不能保证每次出猎都能捕获猎物。为节省体力并增加狩猎的成功概率，猛禽常采取避免打草惊蛇的奇袭战术。凤头鹰与松雀鹰拥有适合于密林间飞行的双翼与长尾羽，经常埋伏于其他鸟类觅食或水浴等场所一旁的枝叶茂密处，待猎物现身好失去防备时再冲出擒捕。

而栖息于海滨岩岸地形的游隼，则栖停于岩壁高处或巡弋于空中，当猎物飞行至猎隼可及范围时，再借着高速飞行的优势，加速俯冲并以利爪在空中击落捕捉猎物。

游隼通常停栖埋伏于海岸礁岩或是高大的电塔上，等待粗心的鸟类飞进狩猎范围，再加速俯冲击落猎物。

1. 冬季结实累累的山桐子是众多山鸟喜爱的大型食堂，百鸟喧腾热闹的盛况往往引来掠食者的觊觎。凤头鹰冒雨袭击却无功而返，只好就地稍事歇息。

2. 已届离巢阶段但尚要学习和磨练猎捕技巧的苍鹰幼鸟，虎视眈眈地注视着猎物，是天生的鸟类杀手。

3. 鹰雕虽然是台湾最大型的猛禽，它的狩猎方式还是以袭击为主，唯有偷偷摸摸埋伏，等待浑然不知的猎物出现，或趁其不备突然发动奇袭，才能节省体力并增加猎捕的成功率。

猛禽通常以埋伏偷袭的方式进行狩猎，一旦行踪暴露便失去奇袭得逞的优势；凤头鹰以树林的鸟类、松鼠和爬行类为食，当它准备偷袭的埋伏位置被乌秋尾发现，紧盯其身后并向众鸟发出警告声，此时

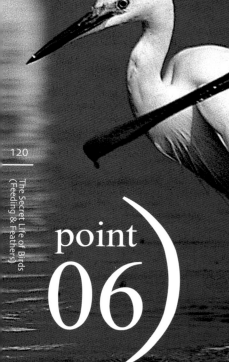

point

06)

Chapter 2　空中猎手

海空协
同作战

　　水中的鱼群活动灵敏且容易逃脱，很多喜食鱼类的水鸟经过长久的尝试后发现，觅食时采用协同作战的策略，其收获常远高于单打独斗。因此鸬鹚在发现鱼群时，会集体合作组成一道曲形防线，利用鸟多势众，将鱼群团团围住以防鱼儿脱逃，然后再同时潜水捕食。鹭科鸟类亦常群聚觅食，利用它们数量的优势，将鱼群节节进逼赶到利于捕食的浅水区后，再一起围捕啄食，如此可提高觅食效率。

上图：鸬鹚经常使用履带式的捕食技巧对鱼群进行追捕。鸬鹚群体紧跟着鱼群后方追捕，捕捉到猎物或需要浮出水面换气的个体，会因停滞而落后到狩猎团队的尾端，此时鱼儿在鸟群前端正被拦截捕食，所以落后的小群体便会以飞行的方式，再次降落到前方有利的位置继续捕食。整个觅食群体大体上如同履带般运作，故称为"履带式猎捕法"。

左图：黑脸琵鹭与大、小白鹭也经常混群觅食，而两者也算是互助合作的觅食伙伴；黑脸琵鹭惯于把如饭匙的扁平嘴喙没入水中，以左右摆的方式，借灵敏的触觉衔咬鱼虾，而机警的小白鹭便随侍在侧，以逸待劳啄食被骚扰赶出的鱼类，并随时注意警戒突发的状况，以弥补黑脸琵鹭埋头专心觅食而无法察觉的危险。

养客团队的组成约可分为两类，有些
团食团的成员全属同一鸟种，有些则是混
合数种不同鸟类群体的杂牌军。鸟类会选
择群体觅食，主要有两个理由，其一与食
物有关。许多鸟儿为了增加觅食效率，会
选择群聚方式觅食。例如，鸬鹚会集体合
作一起围堵捕捉鱼群。鹭鸶亦会利用"鸟
多脚杂"的优势，惊吓逼迫出更多藏身水
中或泥淖的小鱼。小型山鸟会组成觅食
团，一起在林中采食，因为多些眼睛一起
找，比较容易发现食物。

其二则是安全与防御。因为鸟儿忙着
找食物或享受美食时，注意力容易分散
轻松，此时最容易遭到凤头鹰等掠食者突
袭，靠着大家群聚活动，可以降低被捕食
的概率。而且多些伙伴一起注意戒备，也
比较容易发现隐身于密林中的捕食者，一
有鸟儿发出警戒声，群鸟便一哄而散逃之
夭夭，可以降低觅食时的风险。

左页上图：滨鹬群迁徙时所承担的危险与耗费
的体力都相当巨大，所以在迁徙季节，多数的
个体会聚集成群一起飞行和觅食。

左页下图：鹭科鸟类常常聚集在同一水域捕食
鱼类，它们并不是乐于分享（这可由个体间经
常为了抢夺食物而大打出手得知），而是群体

1. 椋鸟科鸟类越冬族群经常聚集成庞大群体，
   当夕阳西下时段，一拨拨各处觅食的小群
   便纷纷不断涌现，最后聚集形成数量惊人
   夜栖群体。

2. 须浮鸥与白翅浮鸥的混群。当食物量充裕时
   大部分鸟类乐于形成同种或是不同种间的
   群觅食团体，对安全性或是发现食物的机
   都有帮助。

3. 小天鹅家族间因为有共同的血缘关系，为维
   相同基因的共同利益，群体关系紧密，会
   同觅食与防御。

4. 斑文鸟无论是觅食或休息都维持良好的群体

point 08

Chapter 2　空中猎手

不劳而获
投机客

　　可能因为食物匮乏难觅，亦可能纯粹因为抱持机会主义的鸟儿们不愿意耗时费力地捕食，也不愿担负失手的风险，因此一有机会便设法抢夺或偷窃其他鸟儿已经到手的食物。

　　鸟类不同个体之间的确可能因为觅食技巧纯熟程度不同，或纯粹只是运气不佳，总是无法如愿捕到猎物。个体为了要求生存，只好尝试从同伴口中抢夺食物以获取食物。当投机者发现这远比

　　都能抢夺成功之后，或许就会习惯以这种速成的手段来达到填饱肚皮的目的。

　　想不劳而获饱餐一顿的投机分子，会随时注意同伴之间的猎食状况，一有机会便摆出威吓侵犯的姿势并急速接近，然后使出不断追赶或骚扰的死缠烂打招数，频频纠缠进逼拥有食物的同类，直到对方不堪其扰失手掉落食物为止。此种投机行为在食物需求甚高的繁殖季或是食物量较为匮乏的环境尤其

抢夺食物的情况亦常发生在红嘴巨鸥身上，它们如短刀般的锐利嘴喙，加上优异的飞行技巧，使投机者对同伴的食物抢夺大战一触即发，战场也提升到空中缠斗的三维空间。

小白鹭个体间经常发生抢夺食物的情况，企图强取豪夺的个体，无不使出浑身解数，如张翅示威、出声威吓、步步进逼、紧迫盯人、死缠烂打等招数，直到对方不堪其扰意外掉落食物

投机的喜鹊觊觎鹗正在吞咽的猎物，趁其急于填饱肚子无暇他顾的时候，频出烂招持续骚扰，以使鹗一时失手滑掉食物以便坐享其成。如未能得逞，喜鹊也会到地面捡食鹗不食而弃置的鱼尾内脏等残骸。

Chapter 2　空中猎手

超级
特攻队

　　有些鸟类因为双脚构造不适合行走，或者仗着飞行技巧高超，它们甚至不用放慢飞行速度，直接于空中、贴近地表或滑过水面，以嘴喙或双脚搜取食物。

　　燕子与雨燕等鸟类具有完美翼形，而且飞行能力高超，除非处于繁殖卧巢与休息期间，否则多数时间皆于空中飞行，因此双脚逐渐退化而不良于行。尤

住壁面休息，无法降落至地面。它们的觅食方式是在滑翔中捕食蚊蚋等飞虫，也会平贴掠过水面，以嘴喙拾起落水的昆虫，甚至喝水洗澡，都是在接触水面的瞬间同时进行。

　　而三宝鸟是生活于树林边缘的森林性鸟类，也擅长在飞行中以口捕捉猎物，通常由枝梢起飞后，盘旋于林缘空地或树冠上空，捕捉飞行中的蝇、虻、

左页图：三宝鸟生活于树林边缘，通常由枝梢起飞后，盘旋于林缘空地或树冠上空，捕捉飞行中的蝇、虻、金龟或蜻蜓等昆虫。

下图：大白鹭在深不见底的水域觅食，因为无法以平稳踩踏地面、耐心等待鱼类近身的突袭方式，所以改用减速滑过水面，再伸长头颈以嘴喙捞捕的觅食方法。

上图：鹗发现漂浮在水面活动力较差的猎物时，会改以节省体力且不会浸湿羽翼的猎捕技巧：低空滑过水面至接近鱼儿时，将原本垂下的双脚向前伸直，并在瞄准与贴近猎物的同时划破水面，以有力且牢靠的趾爪掠捕鱼类，紧接着奋力拍翅借冲力提升飞行高度，整个过程一气呵成顺畅无比。而脚爪悬捉猎物势必增加空气阻力妨碍飞行，聪明的鹗会将特化的趾爪扭转，使鱼头朝前以减少空气流动的阻力。

鸟类
直升机

美丽的棕腹蓝仙鹟会借由高频率的拍动翅膀以产生浮力，让自己拍翅悬停在空中，准确取食鲜美的果实。就连白头鹎、黑短脚鹎和蓝矶鸫等，甚至如体型较大的黑水鸡，也经常快速鼓动双翼，但需耗费更多力气，才能勉强得到足够的升力，让自己笨拙的身躯短暂停留，才能摄食到停栖时难以获得的、令它们垂涎三尺的美食。

1

2

左页图：鹟科鸟类棕腹蓝仙鹟，体态
轻盈，是擅长飞行的小型鸟类，它们
经常快速鼓动双翼，借由短暂停滞空
中的期间，取用枝梢间难以取食的果
实。

1. 体型较大的白头鹎需要耗费更多力
   气，才能勉强得到足够的升力，让
   自己笨拙的躯体短暂停留，方能吃
   到美味可口的果实。

2. 蓝矶鸫的定点飞行，只为了取食到其
   他鸟种无法企及的美味熟透果实。

3. 黑短脚鹎为了吸食停栖时不易摄取
   到的刺桐花蜜，便使劲拍翅好让自
   己停滞于花朵前方，只为顺利吸取
   到甜美蜜汁。

3

身形庞大稍嫌笨重的黑水鸡，虽无法像轻量级的选
手般轻松悬空，但是实在受不了美味稗草种子的诱
惑（更不能在幼雏面前丢脸），也只好放手一搏。
不试则已，一鸣惊人，想不到看似笨拙的黑水鸡竟
然是个十足的弹跳高手，连一旁等待喂食的雏鸟也
看得目瞪口呆，赞叹声不断，立志长大后以娘亲为
好榜样。

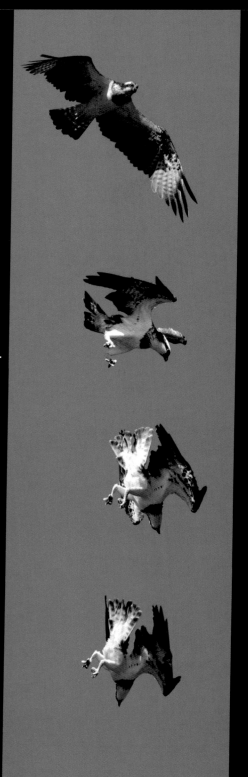

point
11

Chapter 2　空中猎手

天降神兵

　　拜鸟类的优异视力所赐，它们很容易从远处发现猎物的行踪。这个得天独厚的本能，对掠食性鸟类而言尤其重要，否则还未接近猎物就被发现，岂不徒劳无功。

　　鹗在水塘上空盘旋，并借由非常优异的视力搜寻水中的鱼类，当它发现贴近水面的猎物时，随即缩起双翼让自己如同弩箭射出般高速俯冲，待接近水面时才减速并改变入水的角度，同时伸长脚爪瞄准目标，就在水花四溅、水声大作的瞬间，猎物已经稳稳到手。

　　此时鹗张开双翼，借浮力将头颈探出水面，并猛力甩头，试图将羽翼里的饱满的水分甩掉以减轻重量，同时下压双翅，使深陷水中的身躯挣脱水面张力的束缚。就在数次奋力拍翅之后，鹗终于再度优雅翱翔于天际。

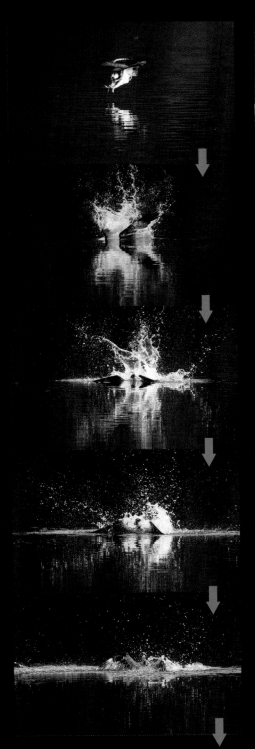
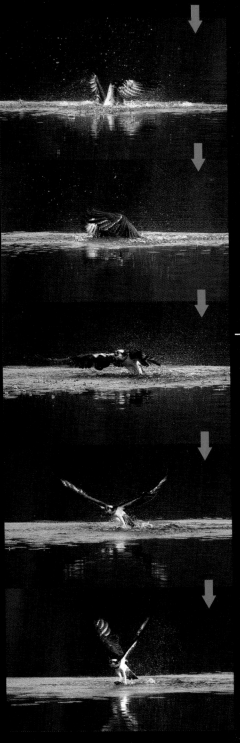

Chapter 2　空中猎手

天才
捕鱼手

鸟类在捕食水中的鱼类时，因为水面折射的缘故，所以鸟喙入水啄食的角度与位置需要略作修正，才能准确命中猎物；水面又常因太阳偏射的角度而产生反光，通常反光也会使鸟类难以看穿水面，对寻觅鱼类踪迹有所妨碍。

有经验的鹭鸶在捕食鱼类时，懂得将头部偏侧一边，伸长脖子使脸颊几乎贴近水面，除了避开水面的反光更容易找到猎物之外，也因为远离即将猎捕目标的视线范围，更容易趁其失去防备之心以提高捕获的成功率。

point
13)

Chapter 2　空中猎手

小心翼翼
潜行术

　　有些生物虽然视力不佳，无法看清楚物体细节，只能约略辨识色块光影变化，但是它们对突如其来的移动异常敏感，一发现风吹草动或是黑影漂移，便随即逃之夭夭或是就地隐匿，如生活于潮间带泥滩地的招潮蟹，便是生性谨慎、动作迅速的小生物。

　　蓝胸秧鸡则采取不动声色的偷偷摸摸方式，它们通常会如同电影播放的慢动作般，蹑手蹑脚地潜行至招潮蟹的洞口，接着便维持嘴喙贴近洞口、双眼紧盯的不动姿势耐心守候，当招潮蟹将蓝胸秧鸡误认为环境的一部分，放松警戒离开洞穴觅食时，马上就会大难临头。

Chapter 2　空中猎手

一掷千惊
捕食术

　　猎人与猎物之间为了生存，彼此间演化的脚步从不曾间断，掠食者为了增加猎捕的成功率，在这场攸关性命存亡与基因延续的军备竞赛里，持续提高猎捕工具与成功出击的准确率，而猎物也不甘示弱地回敬以更出神入化的隐身术，让猎人难以发现行踪，或是干脆通过产出更多的后代，来维持足够族群繁衍的数量。

　　生活于茂密水草枝叶间的昆虫、幼虫与幼小的鱼、虾、浮游生物等，在这个小小世界里自给自足，形成一个平衡的食物链生态体系。它们大多体色平淡透明，隐匿效果十足，不易被掠食者发现，然而有些鸟类捕食这些藏身于浓密水草间的生物时，与其耗费眼力将它们一一找出来，不如使用更终极的觅食策略。例如水雉会将水草整个叼起并大力甩动，试图将藏身其间的小生物逼出枝叶的庇护，然后再一一挑拣摄食，这种近乎一网打尽的方式，让掠食者不用挑选判断猎物的可能藏身处所，只要将嘴喙能够触及的任何位置都抖落摇晃，接着就眼明嘴快等待收获了。

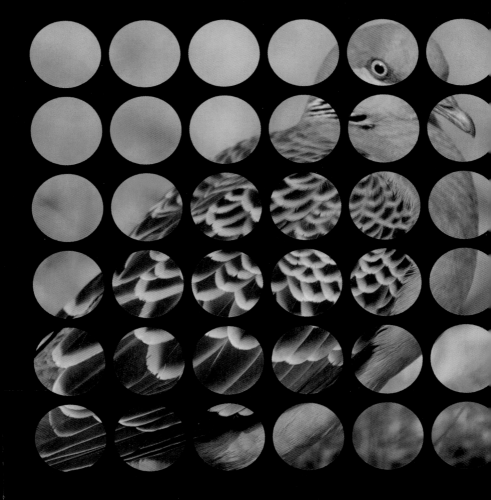

Chapter ③ Feathers 缤纷羽翼

鸟类（火斑鸠）会借由勤快的梳洗整理来保养赖以为生的珍贵羽翼，每年也会视耗损的情况，不定期脱落和更新羽毛，以维护健全的身体机能。

point 01)

神奇羽毛衣

鸟类（山斑鸠）的羽毛呈重复堆叠如鱼鳞状的排列方式，水滴难以渗入羽毛的间隙里，可以借此排掉表面的水分，达到防水效果。

越来越多出土的原始鸟类化石显示，鸟类是由带原始羽毛的虚骨龙类恐龙演化而来的。随着进化发展，鸟类羽毛的构造愈趋复杂精密，能充分发挥保护鸟类的重要功能。鸟类羽毛的功能归纳整理如下：

◎ 保温：鸟类的羽毛具有良好的隔热绝缘效果，外表形成平滑的羽毛覆盖保护身体，内层则有柔软绒毛包住空气保持体温。天气寒冷时，鸟类会让羽毛松散鼓起，以包覆更多的空气来保暖，气温上升时，鸟类则压缩羽毛排出空气以降温。

◎ 防水：鸟类的羽毛呈重复堆叠方式排列，水滴难以渗入羽毛的间隙里，可以借此排掉身体表面的水分，而达到防水效果。多数鸟类尾羽的基部有尾脂腺，能分泌油脂，鸟类会用嘴部蘸取油脂，涂布于羽毛上，以整饰羽毛并增加防水作用。

◎ 飞翔：鸟类身体包覆着细密的羽毛，使躯体形成滑顺的流线造型，有利于飞行中降低空气阻力；在拍动双翅时产生的动能与浮力，以及尾羽的张合抑扬扭转，则保证了鸟类灵活驾驭气流的飞行。

◎ 保护与展示：羽毛上的纹饰与颜色，具有隐匿在环境中形成保护色，以及向同类展示，用以宣告领地、威吓、炫耀和赢得配偶欢心等多重功能。羽翼是鸟类等同

point
02)

Chapter 3 缤纷羽翼

天生 爱洗澡

所有的鸟类都会洗澡，但并非所有鸟类都用水洗。鸟类沐浴的方式多样有趣，亦各具清洁与保养的功能。多数的鸟选择水浴，或全身浸泡，或只点水沾湿，方法各异。居住于干燥地区的鸟类，碍于水场难觅，多半采取沙浴，羽毛受潮或缺乏防水功能的鸟类，便选择暖烘烘的日光浴。许多鸟儿洗澡可能会一天洗一次或很多次，视天气情况与羽毛脏污的程度而定。

既轻又暖的羽毛具有保温、飞行、防水等功能，是鸟类生存的重要依靠。而鸟类的羽毛是非常细致的东西，若不仔细维护，就会有打结和油腻等不良后果，一旦羽毛损坏可能会减弱其功能，降低飞行能力、丧失保温性等，让鸟儿陷入死亡的困境。因此洗澡是鸟类借以清除脏污、护理羽毛不可或缺的方式。

上图：迁徙性猛禽如灰脸鵟鹰等，更需要经常性地维护羽翼的清洁。在迁徙季节里，常常能见到在长途飞行后，终于落脚于屏东满州乡山区的灰脸鵟鹰群体，急急忙忙飞降到溪床边喝水洗澡的盛况。

右图：反嘴鹬与黑翅长脚鹬是台南四草与七股常见的水鸟，有一双和身体不成比例的长脚，能够涉足其他水鸟无法进入的较深水域。它们虽然有一双傲人的长脚，在进行水浴时却不见得比较有利，反而因为过长的双脚，难以在水流之中站稳，所以它们还是会在较浅的水域采用弯曲双脚的蹲姿梳洗。

Chapter 3　缤纷羽翼

优质澡堂何处寻

大多数的鸟以水浴清洁身体，但沐浴中的鸟儿羽毛沾湿，飞行能力减弱，容易使自己陷于危险中，所以鸟类对于沐浴水场的选择相当小心谨慎。理想的水场大抵须符合以下几个条件：

◎ 地点隐匿，而且周边最好有浓密的植物，以便掠食者出现时，能迅速遁逃隐匿。

◎ 水鸟的浴场须视野辽阔，有利于及早发现入侵者，同时聚集入浴的鸟群，为求自保也会自动组成绵密的警戒网，让掠食者无所遁形。

◎ 深度适合。水场的深度大抵以鸟儿屈膝蹲伏后，水面能浸湿下腹部至翼下羽毛最为适宜；因此一个理想的水场应具备不同深浅程度，以适合各种体型的鸟儿利用。

◎ 水流速度平缓或近乎滞流，湍急的水流将使鸟儿无法在梳洗过程中站稳脚步。

◎ 水质清澈干净最为理想。但若在水源缺乏的环境中，就算是一摊看似脏污的泥水，亦能吸引众鸟造访。

理想的水场不易觅得，因此常常看见一些娇小可爱的鸟禽们，为了争夺一处低洼水滩，不惜大打出手。一般而言，体型较大的鸟种通常比较占优势，如果同一鸟种之间争夺水权，则是社会阶级较高者能拔得头筹；但除非是水源极度缺乏或是水场拥挤，不然大致上皆能相安无事，和平共处。

鸟儿们常会在众鸟喧闹戏水时，适时地加入其中沐浴，借着群体增加警戒力，也降低被捕食的危险。因此，野外观察中常会发现一群原来兴高采烈洗澡戏水的鸟儿，一感觉骚动或听到突发的警戒声，会立即沉寂，一哄而散。

白头鹎水浴

珠颈斑鸠喝水

暗绿绣眼鸟

"高雄都会公园"的人造水场，
经过细心维护且每日定量补注水分，
以维持鸟类水浴的理想深度。
水场造型为略凹浅盆状水面，略呈长椭圆形，
直径约50厘米，
鸟种以平地常见的
白头鹎、暗绿绣眼鸟、灰树鹊、珠颈斑鸠为主。
其他出现过的鸟类计有
凤头鹰、黑冠鹃、紫寿带鸟、黑枕王鹟、
八色鸫、赤胸鸫、斑鸫、白腹鸫、虎斑地鸫等。

灰树鹊水浴

E页上图：鸟类将全身羽翼浸湿或低头专心喝
K，无疑是将自身置于险境之中，掠食者很容易
令机纵身偷袭得逞；因此陆地水场的理想条件须
也点隐匿，而且周边最好有浓密的植物，以便掠
食者突然出现时，能迅速窜逃隐匿。在水源极度
块乏的环境，就算只是路边因为管道破裂泪流，
参漏聚积形成看似肮脏的一摊泥水，亦能吸引众

校园操场边缘
因为雨季持续下雨造成暂时性积水，
水场周边积满落叶。
水面范围不大，跨度仅一米多的狭长形状，
鸟种皆为校园常见的
麻雀、白头鹎、灰树鹊、珠颈斑鸠等。

无法旋紧并持续有水流汩汩渗漏而出的水龙头，
也能够吸引都市区常见的白头鹎前来喝水沐浴。

大型冷气空调设备的冷却水散热水塔，也有

麻雀喝水

白头鹎水浴

灰树鹊喝水

位于"台中都会公园"的水场，
本来是天然形成的积水浅树洞，
刚开始只有少数鸟类发现并加以利用；
但经过热心的鸟友每日浇灌，
终于变成周遭鸟类固定报到的饮水站，
主要的鸟种为数十只燕雀族群，
它们以公园内榔榆的种子为食，
并且不定时前来喝水，因为水域范围狭小，
燕雀群体间常为了争夺水权而大打出手。
其他出现过的鸟类计有麻雀、暗绿绣眼鸟、北红尾鸲。

暗绿绣眼鸟喝水

北红尾鸲

麻雀与暗绿绣眼鸟

城乡间
水场

一处即将拆除的老旧废弃宿舍，
有几棵高大茂密的榕树提供鸟类栖息与觅食之所需；
水场就坐落在已遭拆除清理，
但地表仍残留大量砖瓦等废弃物的积水凹地，
由观察猜测水源大概是雨后蓄积的雨水。
离水场不远处的大榕树，
是众鸟排队等待水浴和浴毕后梳理羽翼的藏身地点，
更是红隼来袭时鸟儿紧急逃难的庇护场所。
水场范围稍广阔，呈不连续零碎状，
最大的水面区块约有一米见方，
常见鸟种有白头鹎、灰树鹊、火斑鸠、
珠颈斑鸠、爪哇八哥、灰背岸八哥、喜鹊、
灰喜鹊、乌鸫和红尾伯劳等。

灰喜鹊

火斑鸠水浴

北红尾鸲雌鸟

八哥水浴

鹊鸲雌鸟水浴

金翅雀群体喝水

灰椋鸟喝水

黑尾蜡嘴雀雄鸟喝水

高雄农场纵横其间的农用通道，因为大量降雨蓄积形成了处处低洼的浅水滩。生活于茂密草丛的蓝胸秧鸡平素羞怯；但为了清洁羽翼，也不得不利用无人进出的空档时段，急忙梳洗干净后，再从容地隐没入草丛之中。

右连续图：乌鸫前来水场的时段约为午前11点，但不知何故显得紧张异常，只见它于树上观察停留了近十分钟，然后只下来喝了几口水便匆忙离去，此时热闹喧腾的白头鹎一拨拨未曾间断地来去了好几回合。直到晌午过后，乌鸫又再度光临并且显得落落大方，迫不及待直接飞降到水边，走进水里几步，试探深度后便屈曲双脚将下身浸泡于水中，并鼓动翅膀以激溅的水花沾湿全身羽毛，直到全身浸湿透彻后，才满足地离开，飞进茂密枝叶间整理羽翼。

山林中的
水场
低海拔

台湾南部每到冬天便开始进入干季，一直持续到梅雨季降下甘霖之后，才会减缓干旱缺水的困境。土地因为缺乏雨水的润泽，连一向水声隆隆、水花四溅的野溪山涧，水流的规模也大幅缩减到只剩下涓涓细水。习惯观察记录的这条小溪沟位于低海拔山林，因为天干物燥，以及上游被山居的住户拦截储水，剩下的涓滴汩流也只够补注约仅1.5公尺长、0.5米宽的狭长浅水滩，最深处勉强能维持在中型鸟类能够畅快浸泡沐浴的基本水位。

也因为到处缺水，所以这个水场就成了附近鸟类远近驰名的清凉胜地。每天从清早到傍晚都有各种鸟类造访这个水场，虽然鸟种不多并以低海拔次生林习见的鸟种为主，但是数量不少，几乎每天都有鸟儿为了抢夺水权而争吵不休，热闹非凡的景况可谓绝无冷场。

这个水场观察到的鸟种有白头鹎、白耳画眉、棕颈钩嘴鹛、白腹凤鹛、绿画金鹛、斑文鸟、白腰文鸟、暗绿绣眼鸟、灰树鹊等。

白头鹎成群共浴。

领雀嘴鹎正在畅快洗澡。

直径约2~3米的不锈钢蓄水塔，因为满溢而出的流水将上盖略微凹陷的浅坑蓄满，成为适合小型鸟类洗浴的水场。

褐头凤鹛将水花喷溅，尽情梳洗。

山林中的
水场
中海拔-1

只要有源源不绝的水流补注，再加上周边具备隐匿枝叶、灌木丛环境，以应紧急时可藏身脱逃，就算是人造结构的建筑体，也是鸟类乐于使用的水场环境。

山区公路上的小型茶庄中，有座直径约2~3米的不锈钢蓄水塔，因为满溢而出的流水将上盖略微凹陷的浅坑蓄满，成为适合小型鸟类洗浴的水场。固定活动于此区域范围的鸟类，几乎每天都会前来报到，不论它们是攀于铁盖边缘喝水，或是直接跳到水中畅快洗浴，都将生硬冰冷的钢铁人造结构物装点得生机盎然。这个水场常见的鸟种有黑短脚鹎、褐头凤鹛、白耳奇鹛、绿背山雀、赤胸鸫等。

谷关八仙山森林游乐区的停车场旁边，也有一个钢筋水泥堆砌而成的直径约6米的大型蓄水塔，因为水位满溢，水塔顶盖低凹的一隅形成了约0.5米长的积水浅滩，水场范围虽然不大，但是对于求水若渴的小型山鸟们而言就已经足够了。事实上周边并非缺乏水资源，猜测可能是此处远离游客干扰，再加以四周的山樱花成林，鸟类在吸饱花蜜之际，就近到此处沐浴梳洗，以修整因为穿梭在枝叶花丛间觅食而紊乱的羽丝。这个水场出现过的鸟种有褐头凤鹛、白腹凤鹛、红头穗鹛、灰眶雀鹛、棕脸鹟莺、松鸦、杂色山雀、黄山雀等。

白腹凤鹛水浴。

褐头凤鹛总是共同行动，很少见到落单的个体。

156

　　山区产业林道看起来不甚起眼的积水洼地，因为山坡上灌溉茶园的水源循着地表向下渗透，汇流形成了源源不绝的活水，再横越漫流过林道路面，并在这个凹陷低洼的地面上积蓄了足够的水位，形成了约2米长、1米宽、外观略似葫芦状的连体水场。

　　在水场一旁长满了高大的姑婆芋和几种蕨类，另一边则是几株低矮的竹子幼苗和整排的芒草，而车前草和木贼以及数种低矮植物散布其间。积水浅滩底层因为长期沉淀堆积，形成厚厚一层恶臭的有机烂泥浆，但只要不去搅动，水面上层倒是清澈的流动水源。因为水场面积还算宽广，水深的选择性多样，适合各种体型的鸟种，两旁又有浓密的灌木丛可供紧急时躲藏，前来喝水洗澡的鸟类才会钟情于这个小小水池，从早到晚频频造访几乎不曾间断；所以观察记录的时间可以从清晨六七点，一直持续到下午天色将黑，只是常常受限于此处午后容易起雾的天气，往往浓雾阵阵飘来，顷刻间便昏天暗地，从镜头里看到的都成了一团团乌黑的鸟影。

　　观察到的鸟种有斑胸钩嘴鹛、黄痣薮鹛、褐头凤鹛、灰眶雀鹛、白耳奇鹛、红头穗鹛、棕噪鹛、棕脸鹟莺、绿背山雀、黄山雀、北红尾鸲、棕胸蓝姬鹟、棕腹蓝仙鹟、暗绿绣眼鸟、黑枕蓝鹟、领岩鹨、斑鸫、赤胸鸫、白腹鸫、虎斑地鸫、岛鸫、山斑鸠、蓝腹鹇、台湾山鹧鸪、灰胸竹鸡、白喉斑秧鸡、松雀鹰、凤头苍鹰等。

准备水浴的黄痣薮鹛。

个性着怯的斑胸钩嘴鹛选择在灌木丛边缘洗澡。

棕腹蓝仙鹟难得下到地面喝水。

赤胸鸫的倒影映照在平静的水面。

正在水浴的虎斑地鸫。

在水场边埋伏的松雀鹰也不敌热浪，下来水浴。

褐头凤鹛成群在浅水泥滩喝水。

凤头鹰也从枝头里现身出来喝水，接着开始洗澡。

滨海湿地

水场

生活在海岸线、河川溪口、红树林湿地等滨海地区的鸟类，每日受到海风夹带尘土的漫天吹袭，身上的羽毛比较容易受到损害；又加上水鸟们几乎整天接触或浸泡在海水里，如不经常清洁羽翼，就容易打结，或沾染油垢，甚至丧失羽毛的保护功用。

水鸟群聚在一起水浴，最大的用意便是出于安全性的考虑。众多眼睛同时朝向四面八方警戒，如遇危险靠近，就能提早发现并及时脱逃，况且众鸟聚集在一起活动也可以分担单独被猎捕的风险。

河口湿地或沼泽的理想浴场没有特定的方位，到处皆是辽阔宽广的水泽环境，只要视野良好，能够及早发现入侵者，任何地点都可以就地沐浴。通常只要有一只鸟率先进入，马上就有伙伴加入集体梳洗的阵容。

黑嘴鸥集体水浴。

黑嘴鸥水浴时，除了将身体浸泡水中，借由抖翅、甩头来搓揉羽翼之外，也常大力拍翅使身体脱离水面，除了能甩掉多余的水分，还能顺势抚平羽毛的方向。

滨海湿地

水场

每年十月至翌年四月，有超过大半年时间都停留在台湾的黑脸琵鹭族群，栖息在台南县七股乡曾文溪口广大的湿地，因为此地面积辽阔、视野宽广，有助于栖息其间的鸟群远离骚扰和及早发现掠食者的威胁。

不过黑脸琵鹭每天都会不定时地成群从湿地飞出，到邻近的鱼池或河口湿地捕食鱼虾，或者是在浅水域中集体从事水浴活动。它们通常在固定的地点或是在觅食场所填饱肚子后，就近找到适合洗澡的深度屈曲双脚蹲伏在水中，接着将头颈没入水中并将双翅略微张开，震动拍打水面，使水花激起溅湿全身羽翼，并借由不断抖动甩晃身体和翅膀，使浸湿的羽毛与水液产生类似搓揉震荡的清洁效果。

在经过数次拍打水面和抖动甩晃身体之后，黑脸琵鹭接着起身挺立，并高高举起双翼再使劲扇翅数次，借以甩掉多余的水分，同时顺势抚平羽毛的方向。

上连续图：鸟类在觅食的时段通常急欲补充能量，无暇水浴，只有在两次觅食中间的休息空档，趁整理羽毛的同时才进行水浴。斑尾塍鹬等涉禽的生活作息深受涨退潮的影响，通常潮水刚开始退去不久，它们就急忙跟着水线觅食搜寻被潮水带上来还来不及退去的食物，觅食活动将会一直持续到再次涨潮为止。而原本在广大潮水退尽的泥滩地各自觅食的鸟类，为了躲避逐渐高涨的潮水，纷纷聚集在有限的安稳栖息环境，形成了数量众多的"赶潮"群体。有的鸟类开始保养整理羽毛，并就近在一旁的水域环境梳洗沐浴，受到激溅水花吸引的鸟类也会适时加入共浴的行列。

无人岛屿
水场

澎湖的无人岛在每年燠热的夏天，总能发现漫天飞舞的燕鸥科海鸟。每当丁香鱼盛产的时节，它们更会翩然来到，聚集在人迹罕至的无人荒岛上，利用丰富的水产资源，进行养儿育女繁衍后代的任务。海岛环境除了耐旱的禾草之外，别无可供遮荫的植株。头顶盛夏炎热如通红烙铁般的艳阳，脚踩热气滚烫如火煎炼狱般的坚石，干燥艰困的生活环境，举目遥望尽皆咸涩海水。

幸好习于偏僻荒岛讨生活的海鸟具备一种特殊器官，这种特有的盐类腺（盐腺）位于鸟类的头颅前方，能将体内多余盐分浓缩聚集，形成高浓度盐液再由鼻孔排出，也因为海鸟自备携带式海水淡化系统，它们才能无惧地饮用海水，而且丝毫不影响体内的电解质浓度。

在无人岛上的水场可以坐落在浪潮拍打的平缓沙滩，若缺乏沙滩的礁岸环境，也可接受浅凹的积水潭池，甚至是离岸不远的平缓海面，因为海鸟除了具有优异的飞行能力，其瓣蹼的脚趾亦擅长在水面上漂浮划水。

澎湖无人岛水场的常见鸟类有苍红燕鸥、黑枕燕鸥、褐翅燕鸥、白顶玄燕鸥、白额燕鸥和大凤头燕

使用水场的鸟类会因为岛屿上栖息的鸟种而有所不同

无人岛上的水场可以坐落在浪潮拍打的平缓沙滩，若缺乏沙滩的礁岸环境，也可接受浅凹的积水潮池，甚至是离岸不远的平缓海面。

粉红燕鸥.

point
04

Chapter 3　缤纷羽翼

噜啦啦
泡澡浴

栖息于水滨草泽的水鸟，如鹭鸶或雁鸭等，平时的活动与觅食皆与水息息相关，加上有极为发达的尾脂腺，羽毛的防水性佳，不易受潮，所以水鸟们在沐浴时，比较能享受泡藻戏水之乐。

它们洗澡时会毫无顾忌地将身体浸泡水中，只将头颈部位露出水面，有些种类甚至会在较深水域中随波逐流（或暗地里以脚在水面下划动以控制方向），并持续浸泡片刻，享受全身放松的悠闲时光，接着便抖动浸在水中微微张开的翅膀，使羽毛如同受到梳洗搓揉般，借由水流的快速来回激荡，摩擦去除羽毛表面的脏污，并将头部整个没入水中，同时甩晃头颈、扭动身躯，于是水花四溅，水声大作。最后鼓动翅膀拍击水面，以激溅的水花喷淋全身羽毛收场，整个沐浴时间可持续数分钟，直到羽翼完全梳洗清理干净。

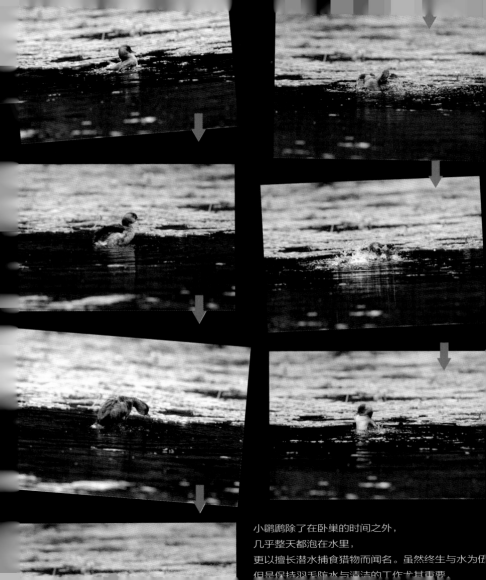

小鸊鷉除了在卧巢的时间之外，
几乎整天都泡在水里，
更以擅长潜水捕食猎物而闻名。虽然终生与水为伴
但是保持羽毛防水与清洁的工作尤其重要

友鹬也采取泡澡的方式水浴，但浸泡姿势较为水平，且在水面有随波漂浮的行为。

示颈鸭等雁鸭科水鸟，长时间浸泡于水中，有极为发达的尾脂腺，羽毛防水性佳，不易受潮，因此常多身体大面积浸泡于水里，尽情享受泡澡乐趣。

牛背鹭水浴时会在较深水域进行，通常采取挺直姿势，将身体浸泡在水中，泡澡的深度几乎及胸；维持一段时间之后，便俯身将整个头颈也完全浸入水中，接着微张鼓动双翅，并甩晃抖动全身，低头弓背，持续振动摇晃，激起水花四处喷溅，接着抬头维持浸泡姿势，并一再重复数次整个梳洗的过程。

Chapter 3　缤纷羽翼

The Secret Life of Birds
(Feeding & Feathers)

开怀
浸湿浴

对于习于山居且栖息地远离水泽的山鸟们而言，舒服的泡澡是奢侈而且危险的活动。除了理想的水场难觅外，沐浴时若使全身羽毛湿透，在捕食者来袭时，将不易及时脱身，加上一拨拨蜂拥而至、喧闹活跃等待水浴的鸟潮，在水边和枝头上鼓噪催促，因此每只鸟儿无法长时间独占浴场。小型山鸟通常选择深度仅能够浸至下半身的水场，洗个热闹欢乐的浸湿浴，还要随时提高警觉性。

左图：红尾伯劳虽然体型不大，却仍然是不折不扣的掠食性猛禽，以昆虫为主要食物。但我曾经观察过红尾伯劳猎捕暗绿绣眼鸟和褐头鹪鹩等小型鸟类。凭借着锐利的嘴喙，其他鸟类仍然不得不对红尾伯劳敬畏三分。当红尾伯劳光顾水场时，所有小型鸟类尽皆回避，深怕一不小心沦为它的猎物；红尾伯劳也常在积水环境捕食前来喝水的小昆虫，甚至水中的青蛙也照吃不误。

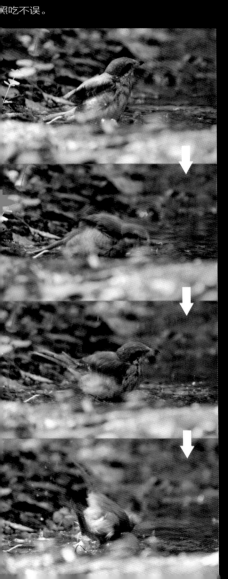

上图：白头鹎等鸟类在洗澡时显得格外兴奋与躁动，而在一旁等待洗浴的同伴似乎受到感染般，经常迫不及待在一旁鼓噪催促，希望让出空位好立即加入愉悦的洗澡行列。有些鸟类采取少量多次的做法，每次停留水场的时间较短，约仅浸湿腹部，然后振翅2～3次，再连忙跳脱出水面，至一旁浓密枝叶的灌丛理羽，旋即又回到水场重复同样步骤数次。有些鸟类则比较贪恋清凉，它们会霸占住水场一隅，抓狂似的以拼命三郎般的冲劲，非得洗个痛快淋漓誓不罢休，待全身羽翼尽皆湿透，才满足地离开水场。

point

06)

Chapter 3 缤纷羽翼

克服困难
沾湿浴

有些鸟儿可能碍于水场的深度太浅，或考虑掠食者环伺，随时有被捕食的危险，洗澡时会省去浸泡程序，直接站在水场边克服困难，利用双翼泼水，溅湿全身来清洁羽毛。

鹪莺、斑文鸟、暗绿绣眼鸟等体态轻盈的小型鸟类，也常利用短暂阵雨过后，沾上植物叶面少量的雨水，或是以树干分叉的凹陷浅洞之短暂积水作为沾湿浴场。而将届离巢阶段的幼鸟对于水浴的渴望，也常表现在霏霏霏雨之际，只见羽翼丰满的幼鸟在细雨中，雀跃兴奋拍翅直到水气濡湿全身羽翼。

蛇雕即将离巢的幼鸟，常在毛毛细雨之中，兴奋地拍击翅膀，雀跃挥舞直到雨水湿润全身羽翼。

台湾斑翅鹛在阵雨过后外出觅食，不时将头颈和上身靠在沾满水珠的花瓣和绿叶上，将身体浸湿并抖甩多余水分借以清洁羽毛。

斑文鸟会利用短暂午后的阵雨过后，沾湿植物叶面上少量的雨水，快速涂抹于羽翼的表面上，再偏侧头部高举翅膀，将湿濡的水分沾湿羽翼内部，接着将全身水分抖落干净，再开始利用嘴喙整理全身羽毛。

褐头鹪莺几乎不曾光顾水场，它们多半习惯在栖息的旱地环境，趁着雨后草茎沾染雨水之际，将身体靠在上面摩擦，以使羽翼沾湿，也喜欢站在草茎顶端，享受天降微雨时如同淋浴般的畅快感觉。

point
07)

快速
蜻蜓点水浴

飞行能力较强的鸟类如雨燕、燕子等，因脚部特化，不适合站立于地面沐浴，因此会选择宛如特技表演般的蜻蜓点水浴，在飞行时将身体贴近河川或水池的表面，并不时让身体接触水面，借此溅湿身体清洁沐浴。

翠鸟也以点水的方式完成水浴，一方面是因为它的脚趾是特殊的并趾构造，抓地力较差，不利于水浴时强烈晃动，影响身体的安稳站立，另一方面是它在水边松软的沙土质壁面挖洞为巢，在挖洞进行过程或是每次进出有长长通道的巢洞时，身上必定沾满微细沙土，所以它几乎每次进出巢洞必定顺势俯冲点水，以洗涤体表的尘埃。

生活于藤蔓纠结密林内的黑枕王鹟，在进行如觅食、筑巢等任何行为时，几乎都不曾双脚着地，所以它的水浴形式也是采取点水的方式进行。

上图：黑枕王鹟的双脚几乎不在地面活动，即使有洗浴的需求，也会以蜻蜓点水的方式进行。它们首先停栖在靠近水面的枝条，接着滑降碰触并以双翼拍击到水面后，立刻飞回到枝头停栖，如此反复数次便完成水浴。

左图：白胸翡翠等翠鸟科鸟类也以点水的方式完成水浴，因为它的脚趾是特殊的并趾构造，抓地力较差，不利于水浴时强烈晃动中保持身体的安稳站立。

point

08）

身心放松
日光浴

鸟儿也经常性地做日光浴，大部分鸟类除了以清水洗涤身上的污垢之外，更喜欢曝着炎热的阳光晒干潮湿的羽毛，并且借着日光中的紫外线消灭细菌，驱除藏身于羽毛深处的寄生虫，达到羽翼里里外外的完全洁净。

高海拔的山鸟也常在安然度过整夜低温严寒之后，在树林间或是靠近人烟的路灯下饱食一顿蛾类大餐，接着就近在枝条上蓬松全身的羽毛，甚至极力伸展扭曲头颈，只为尽情享受暖阳的轻抚。

而鸬鹚对于阳光更是依赖，因其尾脂腺不发达，羽毛没有良好的防水功能，所以在每次下水之后，常常水平展开翅膀和尾羽，尽情曝晒阳光，将羽毛上吸附的大量水分晒干。

几乎所有日行性猛禽都极度喜好从事日光浴，只要是艳阳高照的大好晴天，它们总是栖停于高大的树梢，将双翅下压并张开扇形的尾羽，以长时间曝晒密实厚重的巨大羽翼。由于猛禽的体型大、食量多以及肉食的特质，导致消化时间较植食性的鸟类更长，因此花费于觅食的时间也相对较少。常见鹰隼大部分时间都在休息与整理羽毛，它们依赖功能正常的羽翼，提供优异飞行和精准狩猎能力，当羽毛严重受损，以致丧失飞行觅食能力时，猛禽通常就只能坐以待毙。

鸬鹚羽毛的防水性欠佳，因此在每次下水捕鱼之后，都需要花时间将羽翼晒干。

栖息于水边的黑水鸡，为了减轻羽毛的长时间潮湿，一有机会便将翅膀撑开曝晒，以保持身体的干燥。

赤腹鹰雌鸟正张开下压的双翼，同时展开尾羽，背对着阳光从事舒服的日光浴。

褐翅鸦鹃生活于茂密的草丛环境，常在清晨撑开羽翼接受阳光的曝晒，借以使夜里大量露水浸濡湿透的身体干燥。

白鹡鸰等鸟类极度依赖艳阳的强烈紫外线，借以杀菌除虫。常见鸟儿羽翼蓬松，侧倚斜躺，甚至头颈极度扭曲，伸展摊平在烈日之下，只为尽情享受暖阳。

鸟类生活于干燥缺水的环境，常常借助炙热的沙土对身体羽翼进行清洁工作。沙浴场所有别于水洗浴场，最大的特色便是烟雾弥漫、尘土飞扬。

point 09

Chapter 3 缤纷羽翼

尘土飞扬
沙土浴

经过麻雀妈妈的诱导和示范，刚离巢尚未完全独立的幼鸟，很快就学会了沙浴的要领，随即独自享受沙土清洁羽翼的乐趣。

居住于干燥缺水地区的鸟类，会以阳光晒烫的沙土清洁羽毛，称为沙浴。沙浴时，鸟儿们会先蹲踞于沙坑中鼓翅摩擦，使沙土包覆每一根羽毛，再快速摇晃甩去多余的沙土。沙浴不只能帮鸟类清除羽毛上过多的油脂，亦能摆脱蜱螨等寄生虫的危害。

环颈雉、灰胸竹鸡、棕三趾鹑、麻雀，甚至夜间活动的夜鹰都会进行沙浴行为。

鸟类从事沙浴通常也有固定的浴场，至于浴场的所在位置，则视砂质地表的分布状况而定。就算是缺乏沙浴场所的环境，鸟类也会强行以有力的脚趾抓扒松软的地面，并蹲伏以下腹摩擦和拍打振动双翅的方式，形成一个个半圆形凹陷的浅洞。

麻雀进行沙浴时，经常招朋引伴热闹喧腾；棕三趾鹑则经常雌、雄鸟相随，形影不离地依偎在一起共洗鸳鸯浴。

右图：妇唱夫随的棕三趾鹑伉俪相互依偎，一起共洗鸳鸯沙浴。

下图：刚在西瓜田完成觅食的环颈雉，就近在休息的地面上从事沙浴。

Chapter ④ Feathers 爱惜羽毛

point 01)

Chapter 4　爱惜羽毛
美容保养

鸟类在水浴完成后，紧接着会以嘴喙梳理全身受潮的羽毛。此时鸟类会抖松全身羽毛，专注于修整抚平羽翼，而处于放松警戒的状态，通常最容易遭到捕食者攻击，所以一般鸟类会选择在隐秘处，如茂密的灌丛内进行梳理。如果是水鸟，为了警戒监看是否有来自空中的掠食者，会就近站立于视野开阔的突出物上，例如在石头上整理羽毛。

整理羽毛时，鸟类会以嘴醮取尾部的尾脂腺，仔细涂上羽毛以求保护与防水，缺乏尾脂腺的鹭鸟与鹦鹉则会以嘴喙涂抹由羽毛末端特化分裂的微细粉末，来吸附并带走羽毛上沾染的油腻脏污。

右连图：鸟类将羽翼视为与生命同等珍贵的重要资产，为了将精密纤细的羽毛保持在最佳状况，包含黑枕燕鸥在内的所有鸟类，每日都花费大量时间，对羽翼进行仔细且繁复的整理修护工作。

point
02)

Chapter 4 爱惜羽毛
梳妆打扮

鸟类在沐浴梳洗完毕后，会利用嘴喙，从羽毛根部以搓揉的方式，勤快又耐心地一根一根仔细地修护羽毛，并将分开的羽丝一一重新连结扣好，以保持羽翼表面的光滑和平整。倘若羽毛损毁严重，已无法单靠保养来修护，则会果断地以嘴喙自行将其自羽根处拔除，以刺激新生羽毛的长出。鸟类每天花费大量时间，如此细心而沉着地洗浴、除尘并修护羽毛，只为将赖以飞行与觅食的羽毛之性能维持在最佳状态。

我们在野外很容易借由羽翼的外观，分辨野鸟的健康状况是否良好。一般而言，羽毛光鲜亮丽、梳理平整而且具有光泽的鸟儿，通常是活蹦乱跳、生理机能良好的健康个体；反之，羽毛纠结乱翘，并且全身沾染油垢脏污的鸟儿，几乎可以立即判断其为活动力弱、健康状态欠佳的孱弱个体。

台湾鹎抬起单边翅膀，使用嘴喙仔细清理，特别是平时大多收于身体两侧的翼下覆羽。

赤腹鹰（雌鸟）等猛禽每天花费大量时间梳理羽毛，目的在于借由健全的羽翼功能，确保飞行与狩猎的能力都维持在最理想的状态。

灰头麦鸡是栖息繁殖于旱地环境的鸟类，由于经常受到干燥风沙吹袭，所以常借蓬松羽毛再抖甩双翼，将粘附在羽毛隙缝里的微小尘土震掉。

燕鸥借由抖甩蓬松的羽翼将羽毛的水分甩除，也可以让细密重复如鱼鳞状堆叠的羽毛重新排列整齐，以维持身体表

point
03)

Chapter 4 　爱惜羽毛

搔到痒处

The Secret Life of Birds
(Feeding & Feathers)

　　鸟类的体温较高，加上体外有密生羽毛覆盖，是蜱螨等寄生虫最喜欢依附的寄生宿主之一。鸟类因为上肢已经演化成为专司飞行的工具，所以经常在理羽时以嘴喙代劳，对身体各部位的羽毛进行修整和平顺，以维护羽翼的正常功能。此外，也会边啄咬边抓扒，以减轻因寄生虫啃咬而产生的瘙痒不适。

　　鸟类几乎完全靠着万能的嘴喙，即可完成身体各部位的理羽工作，但由于受限于身体的构造，唯独头颈部位，纵使用尽气力极尽扭曲姿势，亦无法让鸟喙触及，所以头部的理羽工作非得借助趾爪才能完成。

　　鸟类以脚趾梳理头部羽毛的行为模式有二：一为单脚向前弯曲，直接搔到痒处；二为以弯曲的脚胫穿越跨过微张的翅膀内侧，再对着头部的痒处搔抓。

1.戴胜将一只脚穿过翅膀搔抓颈部。

2.翠鸟的幼鸟以穿过翅膀的单脚抓搔头部。

3.侧歪着头以穿过翅膀的脚猛力抓痒的赤胸鸫。

4.蛇雕幼鸟以锐利的脚爪小心翼翼地搔抓喉部。

5.针尾鸭以全蹼状的脚搔痒。

6.白鹡鸰以纤细的单脚站立搔痒，平衡感十足。

7.以单脚站立在湍急水流中，同时将另一只脚穿过
   翅膀搔头的褐河乌。

8.白头鸭以穿过翅膀的单脚为颈部抓痒。

9.在海岸边觅食的中杓鹬暂停脚步，先止痒再说。

10.小白鹭以长脚抓痒一点儿都不费力。

11.黑脸琵鹭侧偏着头部以凹蹼足抓痒。

point 04)

Chapter 4 爱惜羽毛

你累了吗

　　通常以肺部器官呼吸的动物，吸入的新鲜空气会在肺叶内与未完全呼出的混浊空气再次结合，因此氧气的获得无法达到理想的最高效率；当体内二氧化碳累积过多时，会造成脑部轻微缺氧，此时生理状态会自然反映出疲惫的感觉，打哈欠是最常出现的征兆。

　　鸟类的肺部由无数个微细的囊膜组成，各自由细密交织的微血管包覆，以大幅增加血液中氧气交换的接触面积，辅以鸟类独有的可增加每次吸入空气储存量的气囊构造，和特殊的呼吸循环路径，便能够完全排出废气以获得最高的氧气补充。如此效率极高的呼吸系统足以供应如长途飞行、潜水等剧烈运动的高氧气需求。但鸟类也常有打哈欠的动作，经常在整理羽毛的同时，或是蓬松全身羽毛，处于极度放松的休息状态下，鸟儿便会出现此种张大嘴喙的非自主性行为。

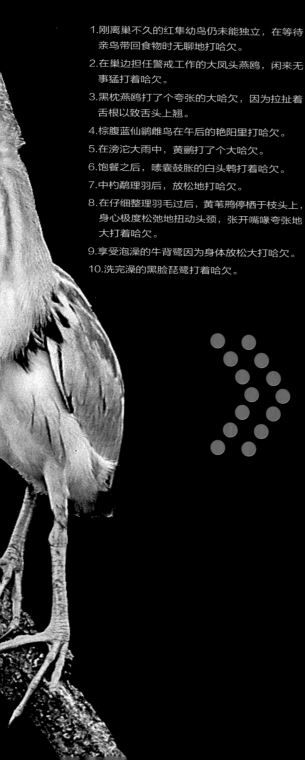

1. 刚离巢不久的红隼幼鸟仍未能独立，在等待亲鸟带回食物时无聊地打哈欠。
2. 在巢边担任警戒工作的大凤头燕鸥，闲来无事猛打着哈欠。
3. 黑枕燕鸥打了个夸张的大哈欠，因为拉扯着舌根以致舌头上翘。
4. 棕腹蓝仙鹟雌鸟在午后的艳阳里打哈欠。
5. 在滂沱大雨中，黄鹂打了个大哈欠。
6. 饱餐之后，嗉囊鼓胀的白头鹎打着哈欠。
7. 中杓鹬理羽后，放松地打哈欠。
8. 在仔细整理羽毛过后，黄苇鳽停栖于枝头上，身心极度松弛地扭动头颈，张开嘴喙夸张地大打着哈欠。
9. 享受泡澡的牛背鹭因为身体放松大打哈欠。
10. 洗完澡的黑脸琵鹭打着哈欠。

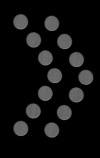

The Secret Life of Birds
(Feeding & Feathers)

point
05

Chapter 4 爱惜羽毛

伸展筋骨

188

The Secret Life of Birds
(Feeding & Feathers)

鸟类长时间维持同一动作或者固定的姿势，也会产生筋骨僵硬、肌肉酸痛的症状。通常鸟类会固定在活动一段时间之后伸展四肢，让身体僵直的感觉得到舒解。一般鸟类伸懒腰的行为模式有二：其一为交替伸直展开单边翅膀，并以单脚站立，将同侧的脚往身体后侧尽量拉直。其二为同时向上抬高双翼，并扩展胸肌，使双翅的覆羽部位互相接触，以达到伸展身体的拉筋效果。

雁鸭科鸟类则有另一套舒展筋骨的方法：它们常将胸部挺起离开水面，连带着使头颈抬起并向后仰，同时张开双翅，向背部极力伸展到达临界点，随即使劲向下猛力扇动双翅，此时拍翅产生的反作用力，会将它们向后推离并推出水面，接着再拉回双翼，并收翅于身体两侧。雁鸭经常使用这种方法伸展筋骨，同时也具有甩掉羽毛水分和借以平顺羽毛方向的功用。

赤胸鸫伸展筋骨操：先伸展右翅右脚，再抬高伸展双翅，最后伸展左翅左脚。

小天鹅等鸭科鸟类常将胸部挺起离开水面，同时张开双翅向背部极力伸展。

白胸翡翠伸展单边羽翼，也将翡翠科鸟类傲人的华丽羽色展露无遗。

在草地上吞食蜗牛的中
勺鹬，利用片刻休息的
时间进行伸展筋骨的动
作。它向上抬起双翼，
并极力扩胸，使翅膀的
覆羽部位互相碰触，再
将头颈与上身同时尽量

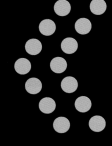

常见的戴胜经常以人类
房舍的裂缝孔隙为巢。
还未离巢独立的幼鸟，
等不到亲鸟迟迟未带回
的食物，一时情急从巢
洞纵身而出，本能地进
行了一次在狭小拥挤的
巢室里无法奢望的伸展
动作。

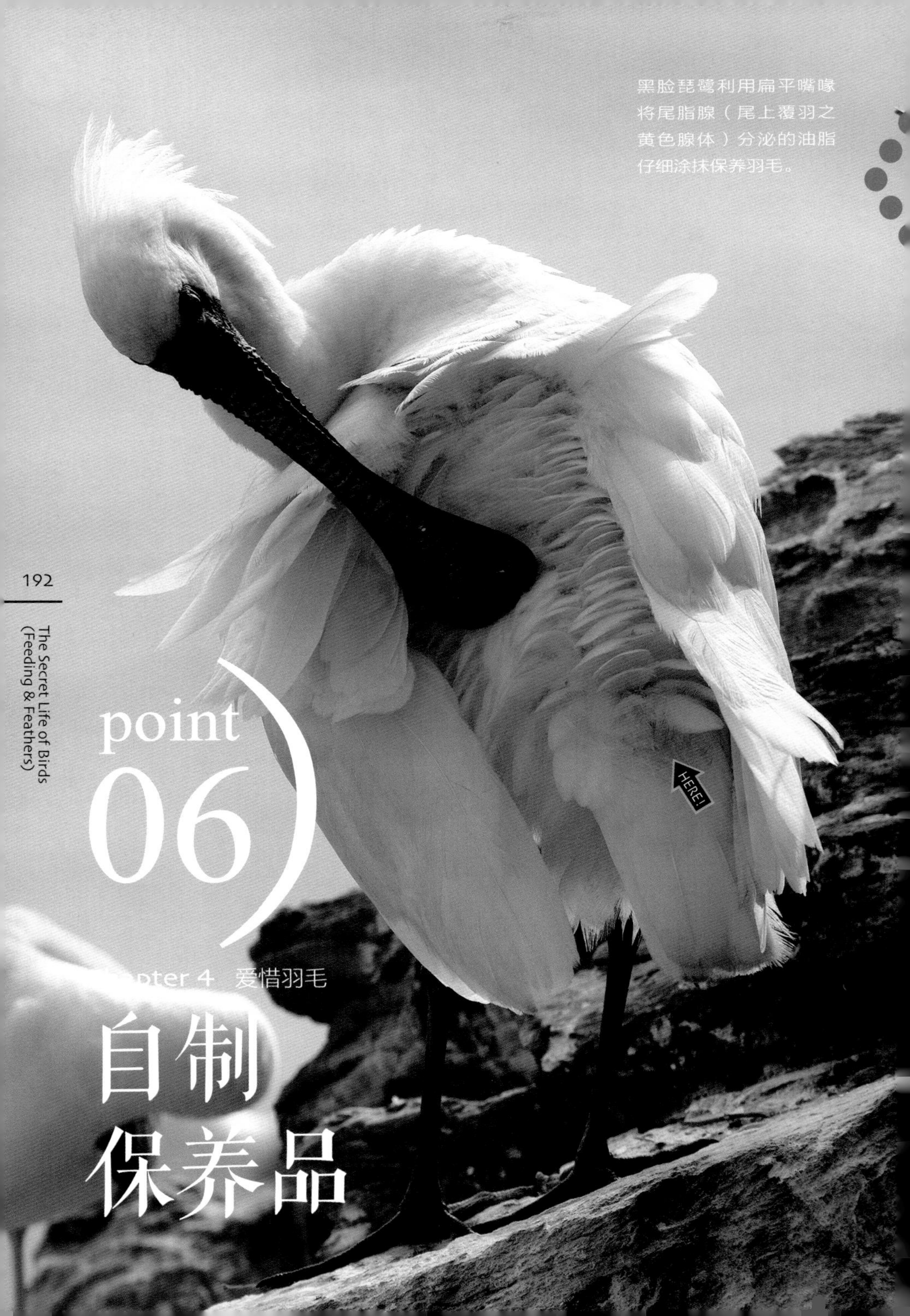

point
06)

Chapter 4 爱惜羽毛

自制
保养品

HERE!

尾脂腺是着生于鸟类尾羽基部特有的皮肤腺体，能分泌脂肪性物质。借由挤压与摩擦尾脂腺等动作，鸟类使用嘴喙沾上油脂，然后经由不断的理毛动作将油脂均匀涂布于羽毛上，使羽毛表面具有滋润及防水的作用。鸭科鸟类长时间生活于水域之中，尾脂腺特别发达，纵使它们几乎整天都浸泡在水中，不断从事游泳、潜水或觅食等活动，依然能保持羽毛的清洁和干爽。

黑水鸡长期生活在水域环境中，唯有不断在全身涂抹尾脂腺分泌的油脂，羽翼才能保持防水功能。

本页下图：小鸦鹃在清晨时分高踞枝头享受日光浴，并将尾脂腺体展露无遗。

左上图：凤头潜鸭又称为泽凫，是典型的潜水性水禽，虽然刚从水底探出头来，但是身上油亮光滑的羽毛上，除了几颗晶莹剔透的水珠之外，没有一丁点儿潮湿。

红脚鹬等涉禽同样注重全身羽翼的防水功能，它们在勤奋觅食的时间之外，只要是休息时段一定仔细地修复与保养羽翼。水鸟的尾脂腺构造也十分发达，它们经常利用嘴喙或是脸颊摩擦沾染腺体分泌的油脂，再均匀涂抹于身体的表面，使羽毛具有滋润及防水的作用。

Chapter ⑤ Feathers 鸟羽为伴

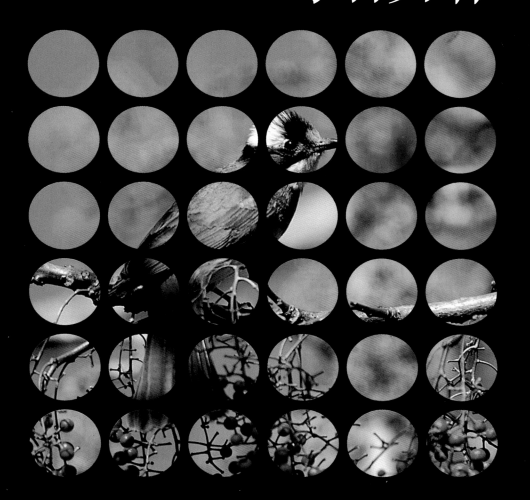

Chapter 5 鸟羽为伴

自古以来人类便习于猎捕鸟儿为食，在鸡鸭等鸟类经驯养成为家禽后，更成为文明社会的主要蛋白质来源之一。除了提供人们食物外，鸟类因食性所需，大量捕捉危害人间的虫族与鼠辈，维持生态平衡，对于人类社会可说是居功甚伟。

然而，随着人类部落的快速发展，鸟类与人类的生活环境渐趋重叠。部分鸟类也开始依赖人类的营生活动：如利用农、渔产业活动从事觅食，攀附人造建筑物进行筑巢与栖息等。农田中的果实与谷物，鱼池中的鳗鱼、虱目鱼等水产都像个大食物仓库，提供鸟类大量食物。其中比较特别的是，近年来鱼池使用的自动投饵机，会定时自动喷撒饲料，飞行技巧高超的燕子常集体盘旋于投饵机附近，在空中拦截喷出的鱼饲料；而鸥鸟也学会了捞取漂浮于水面的免费食物。

栖息于部落附近的鸟类，它们翱翔于天际的飞行能力、婉转嘹亮的鸣叫以及美丽的羽色等，都让人类产生无限好奇与喜爱，并试着演绎诠释鸟儿们的行为，使其自然而然融入民俗生活文化中，而表现在民间传说、神话或象征上。

居住于山区的台湾少数民族习于接触林间野鸟。体型大且凶猛的鹰雕，由于它翱翔于天际的英姿，加上猎捕的困难度高，它的飞羽在鲁凯、排湾等台湾少数民族的传统文化中，是权贵与英勇的象征。布农人与泰雅人皆流传着黑短脚鹎与火相关的神话传说。部落居民也会把鸟类作为进行狩猎、农耕等吉凶占卜的媒介，鸟占是狩猎之前必经的过程，鸟占吉利才能上山狩猎，不吉则打道回部落。占卜鸟有很多种，不同种类的鸟叫声有差异，代表着不同的意义，他们敬畏有加的常见占卜鸟包括红头穗鹛、棕颈钩嘴鹛、台湾画眉、灰眶雀鹛、斑胸钩嘴鹛、灰树鹊等，应与它们善于鸣唱的天性有关。

1. 人类日常生活或多或少与野生动植物脱离不了关系。鹰雕和其飞羽在鲁凯、排湾人的传统生活中，就占有相当重要的地位。

2. 家燕、洋斑燕、斑腰燕和白头鹎等鸟类，已经发现并学会了在空中拦截渔业养殖使用的自动投饵机喷撒出的营养鱼类饲料。

3. 八哥也是擅长利用人类资源的聪明鸟类，它们经常活动于农田环境，不论是尾随在农机具后面觅食，还是偷吃农田中已经采收曝晒的农作物，几乎样样精通。面对日益缺乏的天然巢洞，它们也发展出利用交通标志的孔洞，或工业建筑高塔棚架之缝隙，当作筑巢环境来作为适应之道。

4. 人类大肆破坏天然海岸环境，取而代之的人造消波块成了鸟类被迫躲避涨潮的栖所。

5. 有一些鹭鸶每天必定至渔港报到，等待从渔船上抛弃到水面的下杂鱼类。

6. 利用人类房屋檐壁筑巢的家燕。

左页图：牛背鹭常成群活动于田野，觅食蚯蚓与蛙类，当然更不会放过在耕耘机翻土收割时，捕食被农业机具惊吓驱赶出来的丰富食物。

point
02）
鸟兽之间

部分鸟儿与兽类间也建立了互惠的合作关系，聪明的鸟类发现在某些动物附近觅食容易得到好处，动物也依赖鸟儿的停栖觅食，减少环境中扰人的蚊蝇滋生，并可协助啄除身体上的寄生虫。鸟与耕牛为最明显的例子，牛除了是农人的好帮手外，许多栖息于田野的鸟类也仰赖它找到更多食物。性情温和的水牛在耕作时，会惊起水田中的昆虫与青蛙，跟随其后的鸟儿便可不劳而获。有研究指出，跟着水牛觅食的牛背鹭比它们自行觅食所得的昆虫多3.6倍。除了牛背鹭外，黑卷尾与八哥也是常见的逐水牛而食的聪明鸟类。

随着时代的进步，田野间已难见到水牛耕作，机械式的"铁牛"取而代之。聪明的鸟儿在短暂观察后，发现"铁牛"虽外表与吼声吓人，但比水牛更温驯，翻土惊虫的能力亦远高于水牛，所以又纷纷加入逐"铁牛"而食的行列。

八哥和黑卷尾等鸟类也同样喜欢跟随在牛的身旁，捕食耕牛走动时骚动的昆虫，更因为它们也经常帮牛啄除皮肤上吸血的寄生虫，并捕食环境中扰人的蝇、虻等飞虫，所以它们真可说是耕牛的最佳伙伴。

在农业社会时代，人们饲养耕牛帮忙做粗重的农活，在田野间觅食的牛背鹭则发现牛活动时，惊扰逃窜的小型生物是更易于捕食的猎物，从此牛背鹭便经常跟随在耕牛身后捡食昆虫、青蛙等不劳而获的食物。

左图：悠闲的农业社会，耕牛取食于草地也排泄将养分还给了大地，而珠颈斑鸠和环颈雉等鸟类也不疾不徐地漫步觅食，不同物种间彼此气氛祥和协调。

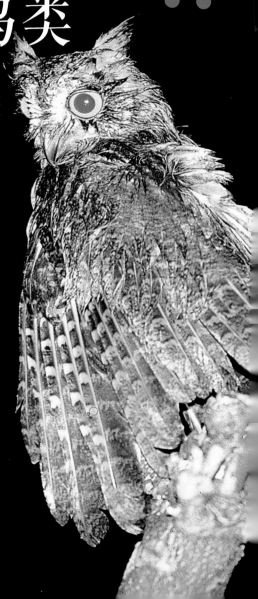

不受欢迎的鸟类

许多鸟类因遭羽色以及栖息场所的拖累，背负"莫须有"的罪名，成为人人喊打的恶鸟。黑白相间的喜鹊，叫声虽难听嘈杂，但名字讨喜，故深得人类喜爱。同为鸦科的乌鸦，命运却是大不同，只因一身漆黑，为众人所忌，引为不祥之兆，所以出现在人类聚落附近时，常遭石头、树枝驱赶。

生活于兰屿密林中的兰屿角鸮，是达悟人传说中的不祥之鸟，长老们相信若有角鸮停留在住家附近或鸣叫时，表示村庄里将会有人离世。所以达悟人常闻声色变，只要看到角鸮飞近或停栖，一定会想办法把它赶走。角鸮被认为不吉祥，还有一个原因是它喜欢停栖在魔鬼树（棋盘脚）上，而魔鬼树又常生长在墓地附近，族人认为鬼魂最容易附在它的身上，到聚落作祟。同样的推论，金门的戴胜因常在墓穴中筑巢栖息，亦被金门人视为不吉祥的墓穴鸟。

另一类人们不喜欢的鸟类，与久远的神话传说无关，只是单纯的贪嘴误事。此类不受欢迎的鸟类排行榜中，又以觅食团数量多、个个嘴馋又食量大的鹭鸶名列前茅，因为它们常一大群聚集于鱼池边，大吞特嚼鱼池主人辛苦育成的鱼虾，使主人蒙受不小损失，所以常遭主人以冲天炮驱赶。

1. 戴胜在金门相当普遍，但是因为常在墓穴中筑巢，被金门人视为不吉祥的墓穴鸟，而且每当幼鸟被捕捉时，会从腺体分泌恶臭的气味，令人退避三舍。

2. 鸬鹚对养殖业者的危害，相较于鹭鸶可谓有过之而无不及；通常鹭鸶捕食鱼类采取被动的等候方式，而鸬鹚善于潜水采取主动追击的方式，技巧高明，食量又大，无怪乎漓江等地称呼它们为鱼鹰。

3. 人类高明的水产养殖技术，让饲育鱼类的产量大增，同时也改变了鹭鸶的觅食习惯。它们经常成群活动于鱼池，日以继夜大肆捕食圈养的鱼类，业者不堪长期蒙受损失，对这些无赖般的食客厌恶至极。

左页图：夜行性的兰屿角鸮是达悟人眼中的不祥之鸟，所以在兰屿并不受当地人欢迎。

point 04

Chapter 5　鸟羽为伴

防鸟之道

　　果实、谷物成熟时，消息灵通的鸟儿通常第一个知道。稻米结实时往往吸引成千上百的麻雀前来抢食，在鸟多食量大的侵袭下，往往造成稻农不小的损失。而甜美的水果常常还来不及熟透便惨遭鸟吻，造成果实因外表破相而无法销售，果农辛苦的血汗付诸"鸟嘴"。为减少鸟类觅食农作物所造成的损失，农夫各有他们的防鸟诀窍。

　　放冲天炮、敲铜锣或饼干盒驱赶，效果不错，但需要有人随时看守执行，实在耗时费力。聪明的农人想出更省时省力的方法，插上稻草人是自古以来的防鸟之法，只是稻草人也需跟上流行，换上现代的衣物伪装，才不易被聪明的鸟儿识破。也有欲收杀鸡儆猴之效而架设的鸟网，但中网的常是白胸苦恶鸟或彩鹬等无辜的鸟儿，而麻雀、文鸟等却知道聪明地避开鸟网，进入农田大快朵颐，所以吓阻效果不佳。亮晃晃的彩带以及能反光的CD片是近来农人的防鸟新宠，习于祸祥自然田野的鸟儿，容易被其闪光惊吓，敬而远之。有些果园为防止鸟群入侵，会为整个果园罩上如同金钟罩般的纱网，以保护经济价值高的水果不被损坏。

　　损失农作物事小，若危及人类生命安全可不能等闲视之。近来常有飞机引擎因吸入飞鸟而造成的飞行意外，所以机场附近严禁飞鸟，对于防鸟的行动也更加主动积极。

1. 部分鱼池养殖业者为了防止辛苦的血汗付诸鸟吻，不惜大费周章在鱼池周边架设兽夹，甚至积极地使用毒饵，诱杀前来捕食鱼类的苍鹭、夜鹭和白鹭等鸟类。

2. 农夫们为了惊吓驱赶取食稻谷的鸟类，无不绞尽脑汁选择不同素材，制造和架设了各种造型迥异、栩栩如生的稻草人，将稻田里装点得色彩缤纷、热闹异常。

3. 各种旗帜、彩带、光盘、塑料绳和大型塑胶袋等，都可以废物再利用，拿来当作驱赶鸟类的各种道具。

4. 架设显眼的白色细网是为了警告心怀不轨的鸟类君子自重，倘若是架设细致强韧而且隐秘性佳的雾网、鸟网，可就是极不友善的态度，完全是要置鸟类于死地。

5. 有些农夫会耗费心力地长时间守候在田边，视实际的情况不定时对前来取食稻谷的鸟群发射冲天炮。

6. 聪明的人类利用简易的道具，如竹筒、铁线、一炷清香再加几枚鞭炮，组装成土制定时鸣炮装置，再广设在稻田的四周，既可节省人力又可达到遏阻鸟类的功效。

1.白头鹎虽然是常见的鸟种，但因为头部显眼的特征，寓意着白头偕老而受人喜爱。

2.喜鹊的名称讨喜，在民间传统建筑的雕塑与纹饰中，常见到以它们作为创作素材的作品。

3.鸳鸯雌雄鸟形影相随、鹣鲽情深的形象，常被人类作为夫妻恩爱、婚姻美满的象征。

左页图：丹顶鹤的形象自古以来就常出现于诗词书画和神话传说之中，是长寿祥瑞的象征。

鲜艳的羽色、轻盈的体态、优美的啼唱，加上犹如精灵般能自由飞翔于天际的特性，使鸟类自古以来便为人类所羡慕与喜爱。从体态优雅、色彩鲜艳华丽的孔雀和雉鸡，到天性聪颖、善于模仿的八哥、鹦鹉与鹩哥，向来是上从王公贵族下至平民百姓众所珍爱的宠物。而画眉鸟婉转清亮的鸣唱，则为久居市井樊笼的人们带来一丝属于山林的清新气息。

许多美丽的鸟类还被赋予文化上祈福象征的寓意，在书画艺术和民间传统建筑与纹饰中，也常可看到以它们作为创作素材的作品。优雅的白鹤为长寿祥瑞的象征，相传白鹤为禽类中的一品，化身为仙翁的坐骑并具有通天的本领，与凤凰同具有吉祥的灵气，能长命千年。常见的白头鹎则因外观引喻为白头鸟，寓意白头偕老。还有名字讨喜的喜鹊，除了相传为牛郎织女搭起团圆的鹊桥而闻名之外，当它高踞于梅树枝梢，还有"喜上眉梢"的吉祥内涵。

鸳鸯美丽的外形与出双入对的特性，则被人类视为夫妻恩爱的象征，并用于祝福赞颂婚姻。而习惯于人类建筑物中筑巢繁殖的燕子，虽然带来满地恼人的排泄物，但屋主不但不急着驱赶，反而会暗自窃喜，因为据传燕子筑巢能带来好运与财气，所以中选的屋主们会尽可能地保护此批远道而来的贵客。就连低空集结、群聚飞舞于农耕田地捕食危害作物飞虫的燕子，也大大受到农民的欢迎，也被视为有助于农业收成的益鸟。

爱鸟之道

The Secret Life of Birds
(Feeding & Feathers)

繁殖于台湾高雄市永安湿地的黑翅长脚鹬，虽然栖息地与发电场等污染源比邻而居，但只要没有持续的干扰，适应能力良好的鸟类很快就会为自己找到安适的家。

虽然野生动物保护相关规定已经颁布和执行多年，但仍有心存侥幸的民众甘冒严重后果，架设鸟仔踏捕捉红尾伯劳。图为警察们正在取缔并没收违法架设的鸟网与鸟仔踏。

过去人类自诩为万物之灵，认为自然环境中的一切理应提供人类所需，以经济与科技发展之名，抱着征服荒野、人定胜天的心态，对生存环境大加破坏，大肆掠夺，此种以人为中心的无知，使许多珍贵脆弱的物种走向灭绝之途。

近来，地球环境的急剧崩坏造成气候的异常与天灾反扑，让人们渐渐谦虚内省自己对环境的依赖，并认识到保护与维持生存环境，学习与之和谐共存才是正道，对于野生动物的保护行动也日趋积极。

鸟类是环境质量的优良指针，我们今日保护鸟类及它们的生存环境，也是保护自己的生存环境与未来；当环境不再适合鸟类的生存，造成大部分物种灭绝殆尽时，想必人类自己的未来也堪忧。

对于鸟类的爱护与保护工作，小自个人、团体的自发性积极参与，大至整个社会的政策性规范制定可包括：

◎鸟类栖息地的保护与营造：小自荒野与湿地的维持与保护，大至自然保护区等的设立，将人为的侵扰与破坏减至最低，让鸟儿能在安全舒适的环境中自在觅食与繁殖。

◎维护生物的多样性：放弃单一种造林的错误观念，广泛栽植适于环境的原生植物，以多样性的诱虫和鸟饵植物，吸引更多种类的生物活动栖息，以达到维护生物多样性的目的。

◎提供便利安适的家：野鸟的天然栖息地面积日渐减少，适合鸟儿繁殖的地点难觅，例如提供合适的人造巢箱，解决鸟儿一屋难求的困境。

◎救伤与照顾：各地鸟会和学术研究机关皆有兽医提供伤鸟的救治与照顾，让折翼的天使们能够健康复原。

◎查缉非法捕猎及贩卖：不饲养和买卖野生鸟类，没有买卖就没有伤害；依据野生动物保护的相关规定，以公权力查缉非法的捕猎与贩卖行为，让应受到保护的珍稀鸟种不致沦为盘中餐或笼中鸟。

◎教育与倡导：随着自然意识的抬头，鸟类保护的相关书籍、小册子的出版印行以及媒体的宣传，赏鸟活动渐趋蓬勃，让民众借由喜爱欣赏进而能关心并保护野鸟。

1. 参加生态解说课程，除了可以学习知识，还能借此了解与关心我们所生活的这块土地。

2. 积极参与赏鸟活动，经由喜爱欣赏进而关心并保护野鸟，更扩及维护各种生物赖以生存的健全环境。

图书在版编目(CIP)数据

野鸟放大镜.食衣篇/许晋荣著.—北京:商务印书馆,
2016

(自然观察丛书)

ISBN 978 - 7 - 100 - 12376 - 1

Ⅰ.①野… Ⅱ.①许… Ⅲ.①野生动物—鸟类—普及
读物 Ⅳ.①Q959.7 - 49

中国版本图书馆 CIP 数据核字(2016)第 160120 号

本书由台湾远见天下文化出版股份有限
公司授权出版,限在中国大陆地区发行。
本书由深圳市越众文化传播有限公司策划。

野鸟放大镜食衣篇

许晋荣 著

商 务 印 书 馆 出 版
(北京王府井大街 36 号 邮政编码 100710)
商 务 印 书 馆 发 行
北京新华印刷有限公司印刷
ISBN 978 - 7 - 100 - 12376 - 1

2016 年 11 月第 1 版　　开本 880×1230　1/32
2016 年 11 月北京第 1 次印刷　印张 6½
定价:46.00 元